河北省低平原区旱作节水农业技术

李爱国 李积铭 宋聪敏 主编

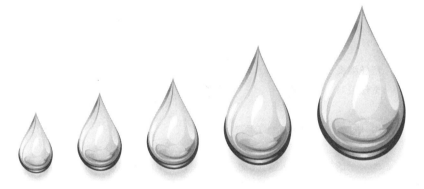

U0271986

中国农业科学技术出版社

图书在版编目（CIP）数据

河北省低平原区旱作节水农业技术/李爱国，李积铭，宋聪敏主编 .—
北京：中国农业科学技术出版社，2015.7
ISBN 978-7-5116-2093-4

Ⅰ.①河…　Ⅱ.①李…②李…③宋…　Ⅲ.①旱作农业－节约用水－
河北省　Ⅳ.①S275

中国版本图书馆 CIP 数据核字（2015）第 101977 号

责任编辑　徐　毅
责任校对　李向荣

出 版 者　中国农业科学技术出版社
　　　　　　北京市中关村南大街 12 号　邮编：100081
电　　话　（010）82106631（编辑室）　（010）82109702（发行部）
　　　　　　（010）82109709（读者服务部）
传　　真　（010）82106631
网　　址　http：// www. castp. cn
经 销 者　各地新华书店
印 刷 者　北京富泰印刷有限责任公司
开　　本　850mm×1168mm 1/32
印　　张　7. 25
字　　数　170 千字
版　　次　2015 年 7 月第 1 版　2015 年 7 月第 1 次印刷
定　　价　18. 00 元

前　　言

　　水是支撑一个国家或地区经、社会可持续发展的战略性基础资源，缺水不仅直接影响生产、生活和生态，甚至危及国家安全。我国是世界上严重干旱缺水国家之一。目前，我国水资源总量为 28 100 亿 m³，人均水资源量为 2 200m³，仅为世界平均值的 1/4，水资源紧缺已成为严重制约我国国民经济可持续发展的"瓶颈"。

　　我国不仅是世界上水资源极度匮乏的国家之一，也是农业水资源严重紧缺的国家之一。目前我国农业用水总量约为 4 000 亿 m³，占全国用水总量的 70%，其中，农田灌溉用水量 3 500 亿 ~ 3 600 亿 m³，占农业用水总量的 90%。然而，与农业水资源紧缺状况极为不适应的是农业用水浪费现象十分普遍和严重。一是农业灌溉用水的利用率低，平均仅为 45% 左右；二是农田对自然降水的利用率低，仅为 56%；三是农田灌溉用水的效率不高，仅为 1.0kg/m³ 左右，旱地农田水分的利用率为 0.60 ~ 0.75kg/m³。而发达国家农业灌溉水的利用率达到 80% 以上，农田灌溉用水的效率达到 2.0kg/m³ 左右。因此，我国农业节水潜力巨大，大力发展节水农业是解决水资源紧缺最行之有效的现实手段。

河北省低平原区位于河北省的东南部，太行山山前平原以东，滨海平原以西，属半干旱季风气候，常年降雨量不足，年平均降雨量 450～550mm，降水分布不均匀，季节差异大，6—7 月降水占全年降水量的 75% 左右，年蒸发量高达 1 200mm，是华北平原的干旱中心。

节水农业技术的普及和应用，不仅是解决水资源供需矛盾的现实选择，而且对保障粮食安全、生态安全，促进农业现代化进程，推动农业和农村经济可持续发展，都具有十分重要的战略意义。

本书立足河北省低平原区的自然气候及生态条件，在科研人员多年研究的基础上，汇集了项目研究中获得的最新成果，同时，借鉴吸收了目前国内外在农业节水技术方面所取得的新技术、新成果编写而成。全书既注重实用性，又兼顾理论性，既继承传统技术，又充分吸收新技术，内容丰富，实用性强。

编写人员分工：主编：李爱国、李积铭，第一章：宋聪敏，第二章：李积铭，第三章：戴茂华，第四章：李和平，第五章：李爱国，第六章：郝洪波，第七章：张玉兰，技术总监：庞昭进，校验：王有增、李洁。其他编委在编写过程中提供了大量的技术资料和修改意见，在此深表感谢。

由于编者水平有限，本书难免存在疏漏或差错，敬请读者批评指正。

编　者

2015 年 6 月

目　　录

第一章 概　况

第一节　河北省低平原区水资源概况

一、河北省低平原区区域概况

1. 地理位置

河北省低平原区位于河北省的东南部，太行山山前平原以东，滨海平原以西，面积 4 万 m^2 ，占河北省面积的 21.3% ，耕地 234.51 万 hm^2 ，占河北省耕地面积的 39.8% 。有效灌溉面积达 193.75 万 hm^2 ，占河北低平原区耕地面积的 82.6% ，纯旱地 40.73 万 hm^2 （2008 年农村经济统计年鉴）。

2. 土壤条件

本地区土层深厚，土壤以潮土、褐土潮土和盐渍潮土为主。沙黏交替沉积，上层轻沙土毛细管性能强，水分容易上升，底土黏重，水分下渗与地下径流缓慢。该地区土壤贫瘠，耕层易形成盐分累积。近年来，因地下水超采，地下水位降低，土壤次生盐碱程度已大大减轻。

3. 气候特点

本地区气候属于半干旱季风气候，年平均温度 10～14℃，无霜期 180～210d，≥10℃的有效积温 4 200～4 500℃，年日照时数 2 500～3 000h，年平均降雨量 450～550mm，降水分布不均匀，季节差异大，6—7 月降水占全年降水量的 75% 左右，年蒸发量高达 1 200mm，是华北平原的干旱中心。

二、河北省低平原区区域范围

河北省低平原区包括衡水、沧州、廊坊、保定、邢台和邯郸 6 个市的 53 个（市）县。

衡水市的全部：桃城区、枣强县、武邑县、武强县、饶阳县、安平县、故城县、景县、阜城县、冀州市。

沧州市的全部：沧县、青县、东光县、海兴县、盐山县、肃宁县、南皮县、吴桥县、献县、孟村回族自治县、泊头市、任丘县、黄骅市、河间市。

廊坊市的部分：安次区、广阳区、固安县、永清县、大城县、文安县、霸州市。

保定市的部分：高阳县、容城县、安新县、蠡县、博野县、雄县。

邢台市的部分：巨鹿县、新河县、广宗县、平乡县、威县、青河县、临西县、南宫市。

邯郸市的部分：邱县、鸡泽县、广平县、馆陶县、魏县、曲周县。

三、河北省低平原区水资源状况

1. 地表水资源

该地区的地表水资源量为 15.2 亿 m^3，占河北省地表水资源量的 12.6%。由于地表水的极度匮乏，本地区主要靠地下水作为农业用水资源。

2. 地下水资源

低平原区矿化度大于 2g/L 的地下水资源量为 26.81 亿 m^3，占河北省地下水资源总量的 21.9%。

3. 水资源总量

低平原区矿化度小于 2g/L 的水资源总量为 41.8 亿 m^3，占河北省水资源总量的 20.4%。其中，地表水约占 36.2%，地下水约占 63.8%。

4. 可利用水资源

各种水资源由于受开采技术条件，生态问题等限制，并不是都能开发利用，有一部分水资源是不能利用的。河北省 50% 水平年可利用地表水资源为 60.15 亿 m^3，可利用水资源量为 98.72 亿 m^3，污水回收利用水资源量为 1.98 亿 m^3，也计入可利用水资源量中，则 3 项为总水资源量，总和为 160.85 亿 m^3，占水资源总量的 78.6%，上述 3 项为总水资源量即 204.8 亿 m^3，中的可利用部分，将它按比例对低平原可利用淡水资源量进行折算，结果为 32.85 亿 m^3。还有 4 亿 m^3 外流域调水按低平原区用水量占河北省用水量的比例 27.4% 进行折算，即 1.1 亿 m^3，另外，还有属于低平原区的浅层微咸水资源量 2.08 亿 m^3，和海水淡化部分的 0.175 亿 m^3，这样河北省可利用水资源量为 167 亿 m^3，而低平原区则为 36.2 亿 m^3。

四、河北省低平原区水资源利用现状

《河北水利统计年鉴》资料显示：低平原区的年平均总用水量约 55 亿 m^3，其中，农业灌溉用水量为约 45 亿 m^3，占总用水量的 82%，与可利用的水资源量相比，该地区年平均水资源超采量为 18.5 亿 m^3，近年来，由于地下水连年超采，目前，该地区已形成华北地区最大的深层地下水大漏斗，且漏斗还在继续扩大加深，农业节水迫在眉睫。

第二节　河北省低平原区现有种植模式及特点

一、冬小麦—夏玉米一年两熟制

1. 冬小麦—夏玉米一年两熟制基本概况

河北省低平原区光热资源充足，是典型的冬小麦—夏玉米两熟制种植区，目前，冬小麦—夏玉米一年两熟制是该地区最主要的种植模式，以该区的衡水市为例，冬小麦—夏玉米一年两熟制播种面积约 28.5 万 hm^2，占粮食作物总播种面积（58.84 万 hm^2）的 96.7%。

2. 冬小麦—夏玉米一年两熟制种植模式流程

冬小麦于第一年秋季 10 月上中旬播种，翌年 6 月上中旬收获，随即贴茬播种播种夏玉米，翌年 10 月上旬夏玉米成熟收获，进入下一年度冬小麦—夏玉米的耕作轮回，周而复始。

3. 冬小麦—夏玉米一年两熟制种植模式特点

（1）光热资源利用率高

冬小麦—夏玉米一年两熟种植模式，茬口安排科学合理，冬小麦收获后立即接茬复种夏玉米，夏玉米收获后，又紧接着播种冬小麦，时间上衔接紧密，土地没有一天闲置期，且两茬均能正常成熟收获，最大限度地利用了本区域光热资源。

（2）种植技术成熟、单产水平高

冬小麦—夏玉米一年两熟种植模式，是河北低平原区最主要的传统种植模式，种植技术已相当成熟，两茬作物单产水平都较高，一般小麦平均单产 9 550kg/hm^2，玉米平均单产 6 412kg/hm^2。

（3）适合机械化作业，节省人工成本

冬小麦—夏玉米一年两熟制，种植简便、易管理，从播种、施肥、病虫草害防治，到收获、脱粒均可机实现械化作业，节约大量人工成本，尤其适合目前农村劳动力转移，人工成本持续走高的经济发展形势。

（4）过分依赖地下水资源，不利于生态保护

河北省低平原区虽然光热资源充足，但降水量严重不足，且全年分布不均，主要集中在 6—9 月（6—9 月的降水量占年降水总量的 80% 左右）。冬小麦—夏玉米一年两熟制种植模式，玉米生长期与当地雨季同期，雨水资源丰富，可有效利用

自然降水，但冬小麦生育期的 9 月底或 10 月初到翌年的 6 月初，期间 8 个月降水量仅为年降水总量的 20% 左右，多年统计表明：小麦生育期平均降水量为 109mm；目前，小麦亩产 500kg 的耗水量约为 420mm，自然降水仅能满足小麦需水量的 1/4，而 3/4 的需水量则依靠灌溉。因此，冬小麦生产主要依赖地下水灌溉，属高耗水作物。有关资料统计，小麦灌溉用水占农田灌溉总用水量的 70%，近年来，因棉花种植面积逐年萎缩，河北省低平原区冬小麦—夏玉米一年两熟制种植面积还在不断增加，势必造成地下水超采严重。目前，该地区已形成了华北地区最大的地下水漏斗区，生态环境日益恶化，所以，冬小麦—夏玉米一年两熟制种植模式已越来越不适应高效节水的生态发展要求。

二、棉花一年一熟制

1. 棉花一年一熟制种植模式基本概况

黑龙港流域低平原区一直是河北省的棉花主产区，棉花一年一熟制是该区仅次于冬小麦—夏玉米一年两熟制的第二大种植模式。以衡水市为例：2013 年衡水市棉花种植面积 12.6 万 hm^2，占耕地总面积（57.1 万 hm^2）的 22.1%。

2. 棉花一年一熟制种植模式流程

一般于春季 4 月中下旬播种，8 月下旬进入吐絮期，至 10 月中下旬初霜期停止生长，生育期结束。棉花收获后，土地进入冬闲期，翌年 4 月进入下一年棉花一年一熟制种植周期。

3. 棉花一年一熟制种植模式特点

（1）适合本区自然气候特点，有利于发展节水农业

棉花是喜光作物，抗旱、耐盐碱、耐瘠薄。低平原区的自然气候特点表现为：土地盐碱，春季干旱，夏季多雨，秋季光照充足。河北低平原区棉花一般于4月中下旬播种，棉花苗期正处于低平原区的春季，干旱少雨，此时，棉花需要蹲苗，需水量较少；进入7—8月，雨季来临，降雨充足，棉花生长发育进入现蕾、开花期，营养生长旺盛，需水量最多；8月雨季结束，秋季来临，秋高气爽，光照充足，棉花陆续进入吐絮期，需水量也相对减少，此时充足的光照有利于棉铃正常吐絮成熟。从棉花的生长发育进程来看，其生育期需水规律与低平原区的自然降水分布相吻合，适合雨养种植，节约地下水灌溉，有利于发展节水农业。河北省低平原区自然条件非常适合棉花一年一熟制的耕作模式，所以，棉花一年一熟制一直是该区最主要种植模式之一，棉花是该区最主要的传统经济作物。

（2）不适合机械化作业，人工成本高

与小麦、玉米等规模化种植的大田作物相比，棉花种植机械化水平低，劳动强度大，且随着农村青壮年劳动力进城务工，农村劳动力减少，劳动力价格上涨，用工费用增加。例如，目前棉花采收还没有实现机械化，必须依靠人工采摘，而人工采收棉花每千克工费1元，占棉花生产成本30%以上，植棉成本大幅度增加，棉农植棉收益大幅缩水。同时，近几年棉花收购价格持续低迷。植棉成本高、效益低，已严重影响广大农民的种棉积极性，棉花播种面积逐年下降，而且还有进一步下降的趋势。

第三节　我国节水农业的发展趋势

一、我国节水农业技术的现状

1. 工程节水技术

（1）农用水资源合理开发利用

降水是水资源补充的根本来源，充分地利用降水，进行控制灌溉和发展旱作农业，是解决我国水资源危机的一条有效途径。降水是旱地农业最重要的水源，也是灌区农业重要的水源，灌水只属"雪中送炭"。受多种因素影响，我国降水有效利用率远比发达国家低，目前，仅有约50%。开发雨水收集、发展径流农业、增加土壤水库库容应是今后节水农业的重要课题之一。

地表水、地下水合理利用是水资源合理开发的根本途径。关键是合理调控地下水埋深，协调统一旱与涝、灌与排、采与补的矛盾。我国科技人员虽研究出一整套旱季适当开采浅层地下水、调控地下水埋深、拦蓄汛期降水、减少地面径流，促使降水转为土壤水、地下水的技术体系。但目前我国不合理和无序开采深层地下水，浪费浅层地下水，采补严重失衡现象严重存在，不断出现新的地下水漏斗区，有些漏斗区达到40～100m深。

劣质水（污水、微咸水）合理利用是目前国内节水农业有待探索的新课题。据统计，1998年我国污水排放量593

亿 m^3，还有可开采利用的矿化度为 $2 \sim 3g/L$ 的地下微咸水资源为 130 亿 m^3。目前，我国劣质水灌溉面积达 5 000 万亩，其中，黄河、淮河、海河、辽河四流域占 85%。河北省中、东部平原推广应用淡、咸水混浇技术，已使该地区耕地水资源增加 $34m^3$/亩，大大地提高了该地区水资源利用程度。

（2）渠道防渗技术

渠道的主要作用在于把灌溉水从水源处安全、快速高效地输送到需要灌溉的田间地头。在渠灌区，这是提高灌溉水的一个重要环节，也是减少灌溉水损失的重要措施之一。土质渠道输水渗漏损失一般占引水量的 50% ~ 60%，一些较差的高达 70%。与土渠相比，混凝土护面可减少渗漏损失 80% ~ 90%，浆砌石衬砌可减少 60% ~ 70%，塑料薄膜防渗可减少 90% 以上。我国每年因渠道输水渗漏损失的水量高达 1 500 亿 m^3，相当于 3 条黄河的年水量。渠道防渗技术是我国应用推广面积较大的一项技术。当前，在我国北方地区大力应用推广渠道防渗技术，仍是发展节水灌溉的一项主要技术措施。

据统计，我国防渗渠道衬砌总长度 55 万 km，占渠道总长度的 18%。近几年，每年完成渠道防渗约 5 万 km。到 2013 年年底，全国渠道防渗灌溉面积达到 807.15 万 hm^2。综观目前渠道防渗技术与方法，依据所使用的防渗材料大致可划分为土料压实防渗、三合土料护面防渗、石料衬砌防渗、混凝土衬砌防渗、塑料薄膜防渗和沥青护面防渗等 6 种。我国渠道防渗已经形成了一套相对配套的技术体系。目前，存在的主要问题有：

①衬砌技术成本仍较高，群众负担有困难。

②区渠道衬砌防冻胀技术有待进一步研究与完善。

③已防渗渠道的维护工作跟不上。

④我国中、小型渠道开挖与衬砌施工机械性能差，型号少，满足不了生产实际的需要。

（3）低压管道输水技术

低压管道输水技术，简称"管灌"。是利用低压输水管道将水直接输送到田间沟洼灌溉作物，以减少输送过程中水的渗漏和蒸发损失的节水技术。它具有省水、节能、节地、易管理，且省工省时等优点。同时，投资相对较低，采用聚氯乙烯（PVC）管道，每公顷投资 4 200 元左右。以管代渠，可使渠系水利用系数提高到 92% ~ 95%，可使单位面积毛灌水定额减少 30% 左右，节约能耗 25% 以上。低压管道输水可减少占地，提高土地利用率，一般在井灌区可减少占地 2% 左右，在扬水灌区可减少占地 3% 左右；由于输水管道埋于地下，便于机耕及养护，耕作破坏和人为破坏大大减少，加之管道输水速度明显高于土渠，灌溉速度大大提高，可显著提高灌水效率，因而管理方便，省工省时。

我国自 20 世纪 50 年代就开始对管道输水灌溉技术进行试点应用，到 2003 年年底，全国管道灌溉面积已达到 447.62 万 hm^2。我国已基本普及了井灌区低压管道输水技术，今后的发展方向是：大型渠灌区渠系管道化，并加快相应大口径塑料管材的开发生产。管道输水灌溉技术是北方井灌区未来相当长的一段时间内需要加以推广的主导输水技术。中国水利水电科学研究院承担的水利部" 948 "项目，引进并开发生产了田间闸管灌溉系统，不仅可替代田间毛渠完成田间配水过程，还可通过启闭安装在管道上的闸门实施回间控制灌溉。与现有的低压管道输水管网相配套，形成了完整的低压管道输水系统，具有投资少、见效快、使用方便灵活的显著特点。近年在新疆棉花灌溉地区的应用表明，田间灌水效率达到了 70% 以上，比现状地面灌溉节水 30%～40%。

目前，影响低压管灌技术发展主要因素有：

①用于管灌的相关设备需进一步定型。

②与管灌配套的多孔闸管以及量水设备没有先进实用的产品。

③大口径管材的使用存在不少技术问题。

（4）地面灌水技术

我国已开发应用喷灌、滴灌、渗灌等技术，这些新技术比地面灌溉节水 30%～70%，增产 10%～60%。但因这些技术一次性投资高，不适合当前我国农村经济水平，因而应用面积受到很大限制，我国灌溉面积的 97% 仍采用地面灌溉，地面灌溉技术是我国目前应用面积最广的一种灌水技术，也是世界上应用最广的一种灌水技术。

自 20 世纪 60 年代开始，在广大北方地区开展地面灌水技术研究与推广工作；70 年代提出了小畦灌、长畦分段灌及细流沟灌等多种改进后的地面灌水技术，并在河北、河南、山东、陕西等省推广应用。对传统的沟灌和畦面灌溉适当改进，能节水 10%～20%，增产 10%～15%。基本原则是平整土地，加大灌水流量，将长沟、大畦改为短沟、小畦，并采用合适的流量和引水时间进行灌溉。80 年代后期从美国引进了波涌灌技术，并结合地面覆盖，开发了膜上灌水技术，节水增产效果显著。但我国目前灌溉水利用系数只有 0.4 左右，个别地区甚至更低，田间水利用系数只有 0.6~0.7。有关研究结果表明，如果操作得当，畦田、沟的规格适宜，田间水利用系数可达到 0.8 以上，灌溉定额可大幅度下降。可见地面灌溉节水潜力非常大。膜上灌又称膜孔灌，是在地膜栽培的基础上，利用膜上行水，通过放苗孔和专用灌水孔向作物供水的灌溉方法。膜上灌较一般地面灌溉可节水 30% 以上，最高可达 50%~70%，波涌灌（包括畦灌、沟灌）可节水 10%~30%，灌水均匀度及储水效率均明显提高，分根交替灌溉可节水 10%~30%。这足以表明地面灌水改进提高应用后的节水潜力。目前，这类节水灌溉面积已近 3 亿亩（1 亩≈666.7m², 下同）。

地面灌水技术仍是今后相当长一段时间内我国北方平原地区应大力应用推广的主要田间灌水技术，在全国已推广约 1 330 万 hm²。目前，我国地面灌溉技术研究水平不仅与国外先进水平差距较大，而且与生产实际需求也有较大差距。具体表现在以下几个方面。

①对地面灌水技术的研究重视不够且研究不深入；

②田间工程不配套。

③用水组织及管理水平比较落后。

（5）雨水集蓄利用技术

雨水集蓄利用技术实质上是雨水资源化的过程，它是以降水地表径流调控为手段，提高雨水的利用率和利用效率的一项技术，是一项投资低廉、发展迅速的技术。我国从 20 世纪 50 年代就开始利用雨窖收集雨水补充灌溉庭院经济作物。"九五"期间，在蓄水工程的形式和结构、雨水集蓄应用模式、非充分灌溉研究应用等方面取得了大量成果。"十五"期间，又成功研究出以雨水存储和高效利用为核心的集蓄利用技术模式，并在全国 560 万个小型蓄水工程中得到应用，还申请了多项国家专利，"坡地渗流集蓄方法及装置"、"坡地集流面的制备方法"等。

从总体上看，这项技术有很大的应用前景，但尚有诸多问题未得到深入解决，具体表现在：

①雨水资源的适宜开发程度。

②不同区域雨水资源的开发利用模式。

③雨水利用技术与设备。

（6）喷灌技术

喷灌是喷洒灌溉的简称，是利用专门的系统将水加压后送到田间，通过喷洒器将水喷射到空中，并使水流分散成细小水滴后均匀地洒落到田间进行灌溉的一种灌水方法。同传统的地面灌水技术相比较，它具有适应性强、控制性强，且不易产生地表径流和深层渗漏等优点。目前，在我国推广的喷灌形式主要有轻小型喷灌机喷灌、固定式喷灌、移动管道式喷灌、卷盘式喷灌机喷灌、大型喷灌机喷灌等。有关研究结果表明，喷灌与传统地面灌水技术相比，可节水 30%～50%，甚至更高，且灌溉均匀，质量高；减少占地，能扩大播种面积 10%～20%；不需平整土地，省时省工；能调节田间小气候，提高农产品的品质以及对某些作物病虫害起到防治作用。而且实施喷灌技术，有利于促进灌溉机械化、自动化。但喷灌技术的发展也有其局限性，如受风的影响大，且能耗大，一次性投资高，这是影响喷灌技术快速发展的主要障碍。因此，建议喷灌技术的发展一定要和经济效益挂钩，对于那些附加值较高的经济作物，可以提倡发展喷灌，但对于大田作物，则要视经济状况而定，特别是对于那些经济尚不太发达的北方山区、丘陵区更需要认真考虑。

尽管如此，由于喷灌技术本身的优点，世界各国均对这项技术非常重视，我国也是如此。到 2013 年年底，我国喷灌面积达到263. 37 万 hm^2。我国自20 世纪70 年代开始发展喷灌技术，喷灌设备生产已具备一定的规模，生产能力基本上可以满足我国现阶段喷灌发展的需求，甚至还有部分出口。但在产品种类、材质、性能等方面与发达国家仍有相当大的差距。其主要表现在：

①关键设备耐久性能较差，从而影响设备的寿命。

②山丘区喷灌设备配套性能差，还没有形成适合山区的喷灌技术体系。

③节能喷灌设备与设备的系列化标准化程度低。

④推广喷灌的适应条件不明确，管理跟不上。

（7）微灌技术

微灌技术是一种新型的节水灌溉技术，包括滴灌、微喷灌带膜下滴灌、涌泉灌和渗灌。微灌具有节水节能、灌水均匀的优点，灌溉水利用系数可达 80% ~ 90% ，并且具有水肥同步、适应性强、操作方便等优点。微灌一般比地面灌节水 30% ~ 50% ，甚至超过 60% ，比喷灌节水 15% ~ 20% ，比喷灌能耗低。由于采用压力管道输水，可适用于山区、坡地、平原等各种地形条件。微灌系统不需平整土地和开沟打畦，可实现自动控制灌水，大大减小了灌水的劳动强度和劳动量。微灌的不利因素在于系统建设的一次性投资太大，且灌水器易堵塞等。对于果园固定式微灌每公顷投资 1.5 万 ~ 2.25 万元，大田固定式微灌每公顷投资 0.9 万 ~ 1.2 万元，保护地栽培微灌每公顷投资 1.5 万 ~ 2.7 万元。因此，其适宜作物尚需同喷灌技术的选择应用一样，要因地、因作物、因区域经济而定，同时，又要考虑微灌本身属局部灌溉的特点。

我国微灌技术自 1974 年开始发展以来，大致经历了引进、消化和试制（1974—1980 年），深入研究和缓慢发展（1980—1990 年）及快速发展（1990 年以后）3 个阶段。到 2013 年年底，全国微灌面积达 37.1 万 hm^2。目前，在微灌技术领域，我国先后研制和改进了等流量滴灌设备、微喷灌设备、滴灌带（管）、孔口滴头、压力补偿式滴头、折射式和旋转式微喷头、过滤器和进排气阀等设备，总结出了一套基本适合我国国情的微灌设计参数和计算方法，建立了一批新的试验示范基地，发展了一批微灌设备企业。初步估计，我国微灌设备产品的生产能力，从数量上讲，可以满足发展微灌的需要，但从质量上比较，仍与国外先进水平存在较大差距。具体表现在以下几个方面。

①微灌设备种类少，性能差，工艺水平落后，材质不耐老化。

②水净化技术未完全解决。

③对微灌技术的适应作物尚有一定争议。

④管理水平差。

2. 农艺节水灌溉技术

（1）覆盖保墒

降低无效蒸发是提高农业用水效率的重要技术途径，具体是减少土壤蒸发和作物奢侈蒸腾。地面覆盖是减少土壤水分蒸发和提高农田水分有效性的重要技术措施，它不仅能抑制土壤水分的蒸发，减少地表径流，蓄水保墒，还能保护土壤表层，改善土壤物理性状，培肥地力，因而可促进作物生长发育，实现高产稳产。

（2）水肥协调

增施肥料、培肥地力、"以肥调水"的核心是改善土壤物理性状，建设高效土壤水库，实现以肥促根，以根调水，提高有限水用水潜力。据有关研究资料，通过调节土壤养分可以获得较大的水分利用效率，使其增加 10%~40%，同时，可获得较高的作物增产效应。目前，该项技术在我国水浇地、旱地上累计推广应用面积近 1 亿亩。

（3）耕作保墒

耕作保墒是传统抑制土壤水分蒸发的技术，耗资少，技术简单，易于推广，节水效果显著，是节水农业技术的一个重要方面。目前，国内耕作技术已开始逐步由多耕转为少耕、深耕，向少耕、免耕方向发展，由耕翻转为深松，由单一作物轮作转为粮草轮作或适度休闲，重视水土保持、纳雨储墒，以肥调水，节能、节水、养土效果更加明显，同时，可大幅度降低坡耕地水土流失，减少径流 12%~25%，提高土壤水分含量 1~2 个百分点，减少蒸发 15%~30%。

（4）节水制剂与材料

目前，国内研究出秸秆纤维的溶胀和交联技术、研发出一批生物集雨营养调理剂、多功能生物型种衣剂、新型保水剂、新型防水保温材料、新型液膜材料等节水制剂和材料等。

3. 生物节水技术

由于作物种类、品种的差异，作物水分利用效率存在较大的差别。有关资料表明，通过调整作物布局，减少耗水作物种植面积，扩大耐旱作物面积，建立适应性抗逆型种植制度，一般可使农田整体作物水分利用效率提高 0.15 ~ 0.26kg/m³，增产 15% ~ 30%。培育抗（耐）旱高产品种是现代作物育种的一个新方向，也是提高农业用水效率的不可或缺的举措。

4. 节水灌溉管理技术

节水灌溉管理技术是指根据作物的需求规律，控制、调配水源，以最大限度地满足作物对水分的需求，实现区域效益最佳的农田水分调控管理技术。具有投入低、见效快、适合我国国情的特点。包括灌溉用水管理自动信息系统、输配水自动量测及监控技术、土壤墒情自动监测技术、节水灌溉制度等，其中，输配水自动量测及监控技术采用高标准的量测设备，及时准确地掌握灌区水情，如水库、河流、渠道的水位、流量以及抽水水泵运行情况等技术参数，通过数据采集、传输和计算机处理，实现科学配水，减少弃水。土壤墒情自动监测技术采用张力计、中子仪、TDR 等先进的仪器监测土壤墒情，以科学制定灌溉计划、实施适时适量的精细灌溉。国家节水灌溉北京工程技术研究中心在水利部"948"项目的支持下，研制开发了灌区用水管理自动控制系统，已在甘肃景泰灌区成功应用，并列入 2001 年国家农业科技成果转化资金项目、水利部推广项目。节水高效灌溉制度是灌溉管理技术的基础，它是根据作物的需水规律，把有限的灌溉水量在灌区内及作物生育期内进行最优分配，达到高产、高效的目的。从 20 世纪 50 年代开始，我国在此方面研究比较深入，编制了全国主要农作物需水量等值线图，建立了全国灌溉试验资料数据库。近年来，我国又开始节水高效灌溉制度研究、非充分灌溉条件下的节水灌溉制度研究，取得了初步成果，一些模型的理论和实用性均较好。

目前，我国节水灌溉管理应用技术研究与发达国家的差距尚大，具体表现在以下几个方面。

①土壤墒情监测技术与设备研发。

②土壤墒情预测技术。

③非充分灌溉条件下的节水高效灌溉制度，特别是不同节水灌溉技术条件下的节水高效灌溉制。

④抗干扰能力强、水头损失小的实用量水技术与设备。

二、我国节水农业发展战略

我国地域辽阔，农业资源丰富多样，地区间差异很大，发展节水农业的道路和模式也不尽相同。我国农业现阶段正处于调整结构、提高效益的关键时期，也是在水资源日趋紧缺的条件下加速发展的关键时期。认真总结世界节水农业的成功经验，在不同地区节水农业中加以引进和吸收，创造符合区域特色的节水农业，有助于我国节水农业少走弯路，加快发展，为我国国民经济和社会发展奠定基础。

1. 充分利用自然降水资源，建立与我国水资源、特点相符合的节水种植结构

国外节水农业发展给我们的一个基本启示是适雨种植，充分发挥降水的增产潜力。我国虽然降水资源不及全球平均，分布也不均匀，但降水分布的多样性和农业生产的多样性为调整农业生产布局提供了资源保证。当前，我国农业生产布局仍受计划经济的影响和自给自足小农经济的影响，生产布局与农业水资源分布错位，在一定程度上加剧了水旱灾害。而且，尚没有形成区域化布局和产业化生产格局，资源的综合效益难以发挥。因此，调整农业布局和种植结构是我国节水农业的一项重要任务。我国目前在节水结构方面存在严重的缺陷，北方水少粮多，南方水多粮少，严重违背自然规律。建立节水型的农业布局，就是要在缺水地区发展耗水少、效益高的农业生产，在水多的地区发展高耗水的作物。

2. 以效益为中心确立有限水资源开发战略

我国水资源的特点决定了我国节水农业发展的一个基本思路是：通过农田降水高效利用解决食物安全生产问题，运用现代节水灌溉技术发展效益型农业。目前，我国灌区农业，生产仍以粮食作物为主，虽然为粮食安全作出了巨大贡献，但也带来了水资源的过度消耗、生态环境恶化和生产成本上升、效益下降等弊端。借鉴国外的经验，在经济条件允许的地区，应大力发展高效灌溉农业，如城郊型农业的节水可以借鉴以色列的经验，中西部地区可以借鉴美国、澳大利亚、印度的经验，确立以经济效益和生态效益为中心的水资源开发战略。

3. 探索可能的短缺水资源的贸易替代

调整农产品进出口战略，探索农业缺水的贸易替代是我国节水农业的战略选择之一。根据《21 世纪初中国农业发展战略》，预计 2030 年我国小麦和大豆需求大于生产供给，水稻、玉米供需基本平衡。从这几种作物需水耗水特性看，小麦属耗水大、水分利用效率较低的作物，从小麦主产区的水资源状况分析，不宜追求自给自足。大豆耗水不多，应加速品种改良和节水技术的应用，提高品质和产量。玉米是我国重要的粮饲兼用作物，适应性较广，虽然耗水较多但水分利用效率高，应立足于自给。水稻虽然耗水多，但南方水稻主产区水资源丰富，东北稻作区米质好，水资源有一定的保障。从我国的国情出发，2030 年我国粮食需求量为 7 亿 t 左右，粮食自给率控制在 95% 左右，这样每年进口粮食约 0.4 亿 t。如果考虑农产品品种调剂的因素，我国每年有一定数量的农产品出口，粮食进口量约 0.5 亿 t 左右。基于短缺水资源的贸易替代战略，我们农产品出口应以蔬菜、花卉、杂粮、油料等低耗水、高附加值的品种为主，农产品进口则应选择高耗水、低附加值品种如小麦等。这在一定程度上有利于缓解区域性的缺水，其潜在的作用是十分显著的。

4. 加速节水农业的技术创新

以色列节水农业成功的一条基本经验是走短缺水资源的资金、技术和贸易替代的道路，其中，节水农业技术的不断创新为节水农业的发展奠定了坚实的基础。目前，我国节水农业无论在工程技术、农艺技术和管理技术方面尚存在不小的差距，特别是关键技术和产业化技术落后。加速我国节水农业的发展，必须在节水农业技术创新领域和产业化发展方面加大投入，为我国节水农业的发展奠定基础。

5. 建立与市场经济相适应的节水农业投资和管理体制

借鉴国外的先进经验，我国节水农业的发展还必须深入探索和大力推进农田水利设施产权制度的改革，建立起相应的产权制度；研究和建立适合我国农业和农村经济特点的合理农业水价体系；建立农民参与的水管组织和运行机制；优化投资结构和方向，发挥政府投资的引导作用，调动社会投资的积极性等。只有建立起与市场经济相适应的节水农业投资和管理体制，我国的节水农业才能走上健康持续发展的道路。

第四节　国外节水农业发展动态

节水农业是指在农业生产中，采取工程、生物、农艺和管理等节水措施，综合提高天然降水和灌溉水利用率及其利用效率的农业生产体系，以实现节约用水和提高农业用水效益的目标，促进农业可持续发展。

随着人类对淡水资源的需求日益增长，水资源紧缺以成为全球性的问题，西方发达国家早在 20 世纪 20 年代就开始发展管道输水，30 年代开始研究喷灌等技术，50 年代滴灌技术趋于成熟，70 年代后各种新技术不断出现，极大地丰富了农业节水的理论和技术体系。

一、工程节水技术

1. 农业水资源开源技术

（1）雨水集蓄利用

随着水资源、日趋短缺和农业发展对水资源、需求的大幅度增长，雨水集蓄利用越来越受到世界各国的重视。以色列在雨水利用方面，一是集雨用于种草植树，恢复退化的植被；二是修建集水设施，向输水网络供水。从北部戈兰高地到南部内盖夫沙漠，修建了许多集水设施，每年收集的雨水多达 1 亿~2 亿 m³。集雨种植是印度旱作农业技术的重要组成部分。一是利用蓄水池收集田间降雨，作为补充灌溉的水源。二是利用田内集水，把耕地分为种植作物带和不种植带，后者为集水区，向种植区倾斜。三是发展微型集水区，种植区为沟，集水区为垄，集水区向沟倾斜，作物种在沟里。以沙漠为主的澳大利亚，对雨水的利用主要在农村地区，其最简单的方式是将屋顶的雨水收集起来加以利用。新加坡的集雨系统有 3 种：一是中央集水区的蓄水池，专门收集水质好的雨水。二是河流入海口的蓄水池。三是专门用于收集暴雨的系统。泰国自 1983 年就开始在干旱的东北地区推广工艺简单的水泥罐工程，基本解决了居民的生活用水问题，并带来了积极的经济效益。日本也致力于雨水的收集利用，一些大城市如东京、大阪、名古屋和福冈等地的体育馆等大型建筑物也都设置了雨水利用装置。

（2）地下水库利用

世界各国非常重视利用地下水发展灌溉。美国加州的不少灌区都修建了地下水回灌系统，通过地下水库来调蓄水量，以丰补歉，提高水资源的有效利用率。以色列修建的各类集雨蓄水设施收集雨水、地面径流和局部淡水，除了直接利用外，还把收集的水源注入当地水库或地下含水层。

（3）污水利用

许多国家把污水（如工业和生活）灌溉作为弥补淡水资

源不足的一个重要途径。美国城市每年污水回用总量约为 94
亿 m^3，其中，灌溉用水占总回用量的 60%。日本建立了"中
水管道"系统，大力发展城市废水的处理和回用系统，每年
处理城市废水约 124 亿 m^3，其中，灌溉农田是污水资源的主
要用途之一。以色列处理后的污水利用率已达 70%，农业用
水 80% 以上是处理后的污水。

（4）海水淡化

海水淡化主要包括多级闪蒸、多效蒸馏、反渗透等技术。
目前，海水淡化已在全球 120 个国家进行，全世界已有 13 600
座海水淡化厂，每天生产淡化海水 2 600 万 m^3，其中，中东一
些国家的淡化海水量已占其淡水总供应量的 80%～90%。以色
列从 20 世纪 50 年代起就开始研究海水淡化，主要采用反向渗
透技术，成本低于进口淡水价格，每天生产约 3 万 m^3。目前，
以色列正试验将纳米技术用于海水淡化。新加坡为解决水资源
短缺问题，近年来也开展了海水淡化工作，首座海水淡化厂已
于 2005 年投产，每天生产的淡水将可满足新加坡 10% 的饮用
水需求。

2. 渠道防渗和低压管道输水技术

渠道衬砌是减少输水损失、提高灌溉水利用率的主要措
施。用于衬砌的材料包括刚性材料、土料和膜料三大类。目
前，刚性材料（尤其是险衬砌）占主导地位。随着化学工业
的发展和机械化施工技术的进步，以聚乙烯和聚氯乙烯薄膜为
主的膜料衬砌的比重日益增大。膜料衬砌具有防渗效果好、耐
久性强、造价低及便于施工等优点。低压管道输水不仅可以减
少输配水损失，还具有节地、适应地形广、防冻胀等优点，且

利于管理，在国际上已成为田间输水的主要方向。

自开发灌区以来，世界各地为了减少渠道输水漏失，都在致力于发展渠系衬砌、管道化工程。截至目前，渠系衬砌的材料发生了很大的变化，各国用于衬砌的材料大致分为刚性材料、膜料、土料。其中，刚性材料，尤其是混凝土衬砌是当今各国渠道衬砌的主要形式。美国在累计修建的 1.1 万 km 的衬砌渠道中，混凝土衬砌占 58%；罗马尼亚 70%~80% 渠为衬砌渠道，其中，大部分为混凝土衬砌；意大利几乎所有的明渠都采用混凝土衬砌，日本输水干渠一般采用预制混凝土衬砌，支渠采用 U 形渠道，就地用混凝土浇筑，其损失一般在 10% 以下；印度成功地将混凝土衬砌用于包括高流速渠道在内的各级渠道的衬砌。为了减少沟渠占地、输配水损失和提高管理水平，经济实力较强的发达国家和少数欠发达国家，推广了新建渠系全部实行管道化这一做法。美国自 20 世纪 20 年代在加利福尼亚的图尔洛克灌区采用混凝土管道代替明渠输水以来，经过数十年的发展，使 50% 的大型灌区实现了管道化。苏联在 1985 年以后，明确规定，新建灌区都要实现管道化，并且采用硬质管材逐渐替代软管。以色列地处干旱沙漠地带，人均年占有水量不足 400m³。20 世纪 50 年代，以色列政府力排众多国际顾问提出的应建设成本较低的衬砌输水渠系的建议，修建了堪称世界第一的国家管道输水工程。这个管网可供给全国 3 500 多个城镇、工矿企业用水，全年供水量达 12 亿 m³。日本在 20 世纪 60 年代初，先在旱地灌溉系统中采用管道代替明渠，由于效益好，在短短 10 年时间里就得到了普及，70 年代末，又开始发展大型管道代替明渠，到 1985 年，新建灌溉渠系的 50% 以上都实现了管道化。除新灌区外，也有不少国家将旧灌区改建成管道灌溉系统。如加拿大艾伯塔灌区，20 世纪 80 年代初就开始对 49 万 hm² 已建灌区进行改建，将输水流量 3m³/s 的明渠改用地下管道，使灌溉水利用率由 35%～60% 提高到 75% 以上。可以说，以管代渠为一种发展趋势。

3. 田间灌溉节水技术

（1）推广喷、微灌技术

喷微灌技术是世界灌溉节水技术发展的主流。以色列、美国、前苏联和欧洲等国家的喷微灌技术发展比较快。以色列喷微灌中滴灌比例已达 70%。微灌与喷灌相比，具有节水、节能、增产效果更显著等优点。

由于喷、微灌比传统的沟灌、畦灌等地面灌溉节水 30%～50%，并可省劳动力 20%～90%，因此，发展很快。全世界喷灌面积由 1937 年的 10 万 hm² 发展到 1987 年的 2 000 万 hm²，微灌面积也由 1981 年的 41.6 万 hm² 扩大到 1991 年的 176.9 万 hm²。近年来，微灌年平均增长率高达 63%。以色列在 20 世纪 70 年代中期喷灌就已占全部灌溉面积的 90%，近 20 年来，又把发展重点转向滴灌和微喷灌，90 年代初滴灌和微喷灌面积已占总灌溉面积的 2/3。美国在 1981—1991 年的 10 年间，微灌面积增加了 3 倍多，由占灌溉面积不到 1% 提高到 3%。日本于 20 世纪 80 年代后期随着地膜、温室技术的迅速发展，微灌技术日益受到重视，并且正逐步走向成熟。目前，瑞典、英国、奥地利、德国、法国、丹麦、匈牙利、捷克、罗马尼亚等国家，喷微灌化程度都达 80% 以上。在这些国家，发展微灌不仅节约水量，而且改变了传统的灌溉概念，即仅仅把水灌到田间的概念。以色列对灌溉的新概念是：把含有肥料的水一滴一滴地输入作物根层的土壤中，使土壤中的水、肥、气、热保持协调关系，达到作物高产目的。为进一步提高喷微灌区技术水平，美国采用了一种低能耗精确灌溉法，即采用平移喷灌机械，改用低压孔口出流装置，用很低的压力将水输入灌水沟，灌水沟分段打埝，以防止产生深层渗漏和径流，同时，也避免了喷灌产生的过量蒸发和飘移损失。以色列采用先进的压力补偿式滴头，通过使用计量阀门，安装流量和压力调节设备，以水流量控制灌溉时间，消除压力波动影响，提高灌水均匀度，减少堵塞。美国研制的脉冲式微喷系统由脉冲发生器带动发射器迸射出水流，经过微喷头喷洒作物，这种系统抗堵塞性能强，灌水均匀度高，且节水节能。

（2）改进地面灌水技术

地面灌溉水流由地表面进入田间并借重力和毛细管作用浸润土壤，目前，在大多数国家仍是应用最广泛、最主要的一种灌水方法。但由于这种灌水量大，且田块首尾灌水不均匀而影响作物产量。因此，长期以来，在发展喷微灌技术同时，各国非常重视对常规灌水方法的改进与发展，并研制出坡地灌水管灌溉（前苏联）、波涌灌溉（美国）、激光控制平地畦田灌溉、地面浸润灌溉（日本）、负压差灌溉、土壤网灌溉、小型干燥器或雾水收集器集水灌溉（南美）、皿灌（印度、巴西）、水平池灌溉（美国）等新技术、新方法。其中，波涌灌（间歇灌）和激光控制平地畦田灌就是两种影响最大、效果较好的方法。

波涌灌是美国20世纪70年代末期推出的适宜于旱作灌溉

的一种新技术。是用加大流量把水灌到部分沟长时暂停供水，过一段时间再用加大流量供水，如此时断时续，使水流呈波涌状推进。用相同水量灌溉时，波涌灌的水流前进距离为连续灌的 2～3 倍。同时，由于波涌灌的水流推进速度快，在土壤表层形成薄的密闭层，大大减少深层渗漏，使纵向水均匀分布。美国 10 多年的实践和研究表明，波涌灌具有灌水均匀、省水省时、田间水利用率高等优点。

激光控制平地水平畦田灌是地面灌溉的又一重要进展。一套完整的激光控制平地系统包括激光发射器、激光感应器、电子及液压控制系统、拖拉机与平地机具四大部分。用该系统平整大面积土地，其精度可比人工平地提高 10～50 倍。采用这种系统平整后的畦田灌溉，可大大提高灌水效率和质量。推广激光平地水平畦田灌技术将显著提高发展中国家地面灌溉的效果。

在发展喷微灌技术同时，各国非常重视对常规灌水方法的改进与发展，并研制出坡地灌水管灌溉（前苏联）、波涌灌溉（美国）、地面浸润灌溉（日本）、负压差灌溉、土壤网灌溉、小型干燥器或雾水收集器集水灌溉（南美）、皿灌（印度、巴西）、水平池灌溉（美国）等新技术、新方法。

二、农艺节水技术

1. 耕作保墒

合理的土壤耕作具有调节土壤物理性状、蓄水保墒、增加可给营养元素的效果。因此，各国在探究发展节水农业途径时，都非常重视耕作方法的改进与发展。发达国家由于机械化作业和化肥施用造成土壤结构破坏，引发失墒、水蚀、风蚀等问题，为此推行了各种保护性耕作。基本趋向是由多耕转为少耕、免耕，由浅耕转为深耕，由耕翻转为深松，由单一作物连作转为粮草轮作或适度休闲。重视水土保持、纳雨蓄墒、以肥调水。

2. 覆盖保墒

地面覆盖包括有机物覆盖和地膜覆盖，具有抑制土壤蒸发、蓄存降水、保持土壤水分、提高地温的功能，能够节省灌水、提高产量，并且其技术简单、成本低廉，是一项非常有效的抗旱增产措施。

3. 保水剂

保水剂是 20 世纪 70 年代美国首先研制成功的一种新型高分子吸水材料。英国研制出防止土壤侵蚀、保证作物需水的聚合物。法国研制出吸收自身水 500～700 倍的"水合土"。日本生产超强吸水性树脂。保水剂已广泛应用于农业、林业，园艺、花卉等方面。目前，保水剂的研制向低成本、长效、多功能、复合、环保等方面发展。例如，美国利用沙漠植物和淀粉类物质合成了生物类、高吸水物质，取得了显著的保水效果。

三、生物节水技术

1. 选育耐旱作物与节水品种

耐旱作物一般在生长关键期能避开干旱季节，或抗逆性强，或能和当地雨季相吻合，在雨季快速生长，以充分利用有限的降水。印度和美国十分重视高粱品种的选育研究，目前，全印度推广应用的优良高粱杂交品种已达 45 个，覆盖面已达 38%。这些品种不仅产量高，而且品质优良，有些高粱的口感可以和我国的粳米相媲美。

2. 建立高效用水的农作制度

不同国家依据各自的自然、社会和经济特点，建立了与区域水资源相匹配的农作制度。如美国中西部大平原的夏季休闲制度、澳大利亚的豆科牧草与谷物的轮作制度、印度的集雨种植制度和以色列的设施节水农业。目前，美国西部大平原正在研究更有效的农作制度，并在积极探讨高效作物用水的作物群体结构和多样性的种植模式。

3. 挖掘作物生理节水

不同的国家从不同的侧面，挖掘作物生理节水技术，如研制作物抗旱蒸腾抑制剂，少量水调用土壤无效水、分根交替灌溉、精准灌溉等。

四、管理节水技术

1. 制定节水灌溉制度

节水灌溉制度不仅关系到作物单位耗水产出，而且还能控制作物最大可能耗水量，是节水农业的一项重要内容。20 世纪 70 年代以来，各国在这方面开展了大量研究。以色列试验结果显示，最佳灌溉处理是利用最少的水获得接近于最高产量的产量，即相当于最高产量 85%~95% 的产量。

2. 重视田间水管理和农民参与

田间水管理是灌溉水管理的重要组成部分。各国为了改善和加强田间水管理，不断完善田间渠道配套，采用先进的灌水技术，发动农民参与水管理和加强量配水设施建设。加拿大、美国和日本等发达国家开始重视用"需求"管理取代"供给"管理，实施灌溉用水的动态管理。

3. 加强灌区用水信息管理

灌溉用水管理实质是灌溉用水信息管理，合理的灌溉及其相应的措施取决于可靠的用水信息。为此，各国都在加强灌区用水信息的管理。

4. 实行计划用水，合理调配水量

实施计划用水，采用主要农作物有限供水的优化分水、轮灌最佳组合和灌区多水源统一调度，可以有效调配有限的水资源，以发挥最大的水资源利用效率。

5. 促进灌溉管理向自动化发展

随着科学技术的迅速发展，发达国家普遍采用计算机、电测、遥感等新技术进行水管理。在美国，大型灌区都有调度中心，实行自动化管理。如灌溉面积达 20 万 hm^2 的全美灌区，管理人员只有 14 人；科罗拉多州的大河谷渠道采用电气化控制，仅有 1 人管理，调度中心的中央控制室通常设有大型屏幕，灌区各渠道位置、输配水情况以及各闸门的水位流量、闸门启闭等在屏幕上一目了然。中心的指令可通过微波系统传输到各建筑物、自动启闭闸门、水泵等，其运行情况及流量均显示在屏幕上。此外，许多灌区还采用卫星遥感技术，将从卫星接收站获得的信息图片输入计算机，进行灌溉用水量估算。日本于 20 世纪 80 年代初新建和改建的灌区大多从渠首到各分水点都安装有遥测遥控装置，中央管理所集中监测并发布指令，遥控闸门、水泵的启闭，进行分水和配水。目前，日本对水管理系统自动化的目标是：有效利用水源，合理分水配水；节约管理费用，降低劳动强度；通讯联系及时，防止灾害发生。以色列不论大小灌区，全部采用自动化控制，在灌溉季节前编好程序，灌水时按程序自动灌水。

6. 通过水价调节用水

从全球范围内看，灌溉水的水价远低于生活、城市和工业用水。即使在法国、德国和以色列这样的灌溉系统能够达到自我维持发展的发达国家，其灌溉用水的价格仍然只有其他用水价格的 1/10 左右。现代灌溉农业是以高新技术应用为标志。在西方发达国家，通过遥感（RS）、地理信息系统（GIS）、地球定位系统（GPS）及计算机网络获取、处理、传送各类农业信息的应用技术已到了实用化的阶段，欧共体将信息及信息技术在农业上的应用列为重点课题，美国农业部建立了全国农作物、耕地、草地等信息网络系统，可以说，信息技术已成为现代节水农业不可缺少的一部分。

第二章　节水灌溉技术与手段

第一节　概　述

节水灌溉技术是比传统的灌溉技术明显节约用水和高效用水的灌水方法、措施和制度等的总称。是否节约灌溉用水，用水是否高效是以单位作物产量总耗水量（从水源算起直到田间）多少来衡量，或者以单位耗水量所取得的产值多少来衡量。现在我国采用过的和正在研究或推广使用的节水灌溉技术有数十种之多。各种技术都各有利弊，各有不同的适用条件。

地面灌溉是利用各种地面灌水方法将灌溉水通过田间沟渠或管道输入田间，水流在田面上呈持续薄水层或细小水流沿田面流动，主要节重力作用兼毛细管作用下渗湿润土壤的灌溉技术。

地面灌溉是最古老的田间灌水技术，也是世界上特别是发展中国家广泛采用的一种灌水方法。目前，由于我国水资源与能源短缺，同时，因经济实力、技术管理水平等因素的限制，大面积推广喷灌、微灌等先进灌溉技术还有较大难度。

传统地面灌溉方法能充分，满足作物的蓄水要求，技术要求也不高，投入小，运行费用低，但容易发生超两灌溉，造成水资源浪费，造成土地渍害和盐碱化，同时，对土地平整要求较高。

地面灌溉节水技术是在传统的地面灌溉方法的基础上，经过改进而形成的比较先进的灌溉技术，与传统的地面灌溉相比较，具有节水、灌水质量高、增产、改善作物生态环境等优点。但是存在投资相对较高，技术较复杂等不足。

喷灌、微灌、滴灌等节水灌溉技术是利用专门设备将灌溉用水从水源地输送到田间进行灌溉的技术手段，主要优点是灌水均匀、节约能量、水；利用率高、节约劳动力，但是，基础建设投资高、技术要求高。

第二节　节水型垄沟蓄水增水技术

一、田间垄沟蓄水增水增产原理

（一）垄沟集雨作物种植集水效应

垄沟集雨就是垄作为集水面，沟作为受水面，将地表径流叠加集聚在受水面上，形成局部土壤水分叠加，从而达到节水及提高作物产量的目的。例如，旱地地膜垄沟种植，土壤水分含量平均增加 1.3~1.4 个百分点。

（二）垄沟集水作物种植保水效应

垄沟集水可使降水入渗较平作深，因此，蒸发损失会显著下降。在垄上覆膜集水的垄沟栽培系统中，地膜覆盖起到了一定的减少土壤水分蒸发的效果，保证了膜下土层土壤有较高的含水量，但在底墒不足或干旱年份，腹膜后深层土壤水分下降会更加突出，表明在干旱年份地膜覆盖不仅不能增加春小麦田间贮水量，反而由于强烈的蒸腾作用使作物生长后期土壤贮水量处于较低水平，如果不进行及时灌溉，不利于小麦籽粒形成和灌浆，导致收获指数和产量下降。

（三）垄沟集水作物种植微生境效应

垄沟集水以后，农田微生境（光、温、水、肥四要素）发生了相应的变化，覆膜垄沟种植能显著增加耕层 5cm 处的土壤温度。研究表明，在冀中南平原，垄沟覆膜后在 10 月 1~3 日测定垄上 5cm、10cm、15cm 温度较平时高 3℃。垄沟集水能显著改善作物的水分状况，特别是春后土壤水分的改善减轻了春旱的威胁。垄沟集水技术显著改善了作物在微生境中的水分状况，也有利于土壤水分的改善，水、肥条件得到较好的耦合。

（四）垄沟集水作物种植对生产力的影响

田间垄沟集水不仅影响作物的生长发育，而且对产量也有显著地影响。研究表明，当垄沟比为 60cm：60cm 时，与平作对照相比，小麦、玉米、谷子、豌豆、糜子分别增产

71. 3% 、105. 8% 、12. 4% 、39. 4% 、和 37. 2% ；当垄沟比为 75cm ： 75cm 时，分别增产 64. 4% 、59. 3% 、38. 6% 、90. 4% 、2. 7% 。

二、平地垄沟种植形式及应用

（一）沟垄种植

沟垄种植将节水理念和传统种植模式相结合的一种抗旱增产技术，适宜种植玉米、高粱等高秆作物，作物种在沟底，相当于抗旱深种，种子在湿土中利于种子发芽，而侧垄又能集雨蓄水，防止或减少地表径流，有效利用降水，将雨水通过垄沟渗入土壤深层贮蓄起来，减少蒸发量，从而达到节水抗旱的目的。同时，垄沟内可避风，减少地表水分损失，有较好的保墒防寒。

沟垄种植的技术要点：

①选地：选用地势平坦、土层深厚、土质疏松、肥力中上等、保肥保水能力较强的地块。

②垄距确定：根据所种作物和地力等因素确定垄间距，垄距一般可选 70～100cm，根据所种作物在确定作物行距，沟深一般为 20～30cm。

③播种施肥：为保墒起见，最好是边开沟，边播种，边施肥。假如暂时不种的，必须随时覆盖 5cm 左右的湿土保墒。

小麦一般采用沟播形式，就是深开沟，浅覆土，自然形成田间沟和垄，同样能达到集雨蓄水保墒的目的。此法有利于冬前壮苗，越冬保苗；同时，返青和拔节间沟内土壤水分仍比平播土壤层水分高，可以促蘖增穗增产。

玉米起垄种植，将玉米种植于沟内，由于垄作形成沟内自然小气候，沟内土壤温度与平作相比提高 2~3℃，同时，又减少了农田土壤蒸发量和地表降水径流损失，达到了集水、保墒、增温的目的。

（二）沟植垄盖

沟植与地膜覆盖相结合，形成了沟植垄盖技术，也就是在起垄的情况下，地膜盖垄，沟内种植的一项技术措施。

沟植垄盖是一项具有实际意义的节水灌溉措施，也是旱作农业有效的增产措施，它改变了大水漫灌浪费过大的缺点，使有效的灌溉水得到充分利用。沟植垄盖有垄内单作和一膜两用两种形式，垄内单作既是只在沟内种植作物，从而利用有效集水增产增收；一膜两用是指沟内种植小麦，下茬在垄上种植玉米、棉花、豆类、瓜类等。一般在小麦收获前 10~15d 在有膜的垄上种植其他作物，垄上覆膜时，垄呈弧形，中高两边低，以使降水顺垄上膜流入沟内，沟内土壤要整理平整，覆膜时要求垄内土壤有一定湿度，播种时播深要一致。

沟垄种植具有诸多优点，如通风透光、增温、边际效应等，同时，由于沟内垄上都有种植，因此，可获得垄上与地膜作物相同的产量的同时，沟内还收获与平作相当的产量，因而起到增产增收的效果。

三、冬小麦夏闲期间集水保墒

冬小麦全生育期处于干旱季节，其耗水量的 40% 左右由播前土壤储水提供。因此，保蓄夏季休闲期间的降水，供冬小麦生育期间利用，是一项重要的节水增产措施。

对于夏季休闲农田，冬小麦收获后随即翻耕、耙耱，然后按照一定宽度起垄，使田间形成垄、沟相间，后再垄上覆膜以使夏秋季节降水顺着膜面流入垄沟，再渗入沟内土壤深层保存起来，雨后沟内及时中耕，破除板结，清理杂草，疏松地面覆盖层，以达到保墒效果，如果在沟内覆盖秸秆，则保墒效果更好，这样就把农田夏季休闲期间雨水最大限度保蓄起来，为下茬作物打下了良好的基础。

第三节　膜上灌溉节水技术

膜上灌溉技术是在地膜栽培的基础上发展起来的一项节水灌溉技术，是在田间将地膜平铺或起垄覆盖，实现利用地膜输水，并通过作物的放苗孔、专门渗水孔入渗进行灌溉的一种灌溉方法。

一、膜上灌溉技术的形式

1. 膜畦膜孔灌溉

也称为平地覆膜孔灌溉，就是在灌溉畦内水平沿地面覆盖地膜，灌溉水流在膜上流动，通过放苗孔或专用灌水孔灌水的一种膜上灌溉方法。膜畦灌溉的地膜两侧必须翘起 5cm，并嵌入土埂中，膜畦宽度根据种植作物和膜的宽度来确定。膜畦灌溉一般适用于中等密度作物。其优点是增加了灌水均匀度，不存在膜缝或膜旁渗漏，节水效果较好。

2. 膜孔沟灌

是将土地整成垄沟相间的地块，在沟底、沟坡面或部分垄沟背或沟内铺膜，作物种植在垄沟背或坡面上的一种灌溉方式。膜孔沟灌水流通过地膜上的专门渗水孔渗入到土壤中，再通过毛细管作用浸润作物根系附近的土壤。这种灌溉方式非常适用于甜瓜、西瓜、辣椒等易受水土传染病侵害的作物。

3. 膜孔膜缝灌溉

是指把地膜铺在垄沟上，相邻两膜在沟底形成的一条缝，通过放苗孔或膜缝渗水进行灌溉的一种方法。该方法由于渗水面积较其他膜孔灌溉方法大，灌溉水流较短时间渗入土壤，具有入渗快、灌水定额较小的优点，目前，多用于蔬菜种植，其节水、增产效果非常明显。

二、膜上灌溉技术的特点

1. 节水效果明显

膜上灌溉之所以节约灌溉水量，其主要原因如下。

①膜上灌溉的灌溉水是通过膜孔或膜缝渗入土壤中的，因此，它的湿润范围仅仅局限于根系区域，其他部分仍处于原土

壤水分状态。灌溉水能被作物充分而有效的利用，所以，水分利用率较高。

②由于膜上灌水流是在膜上流动，于是就降低了沟畦的糙率，促使膜上水流推进速度加快，减少了土壤深层渗漏，铺膜还完全阻止了作物植株之间的土壤蒸发损失，起到了土壤保墒的作用。因此，田间水有效利用率较高。

2. 灌溉质量较高

①灌水均匀度高：膜上灌不仅可以提高沿沟畦长度方向的灌水均匀度和湿润土壤的均匀度，同时，也可以提高沟畦横断面上的灌水均匀度和湿润土壤的均匀度。

②不破坏土壤结构：由于膜上灌溉水流是在地膜上面流动或存蓄，通过放苗孔和灌水孔渗入土壤，不会冲刷膜下土壤表面，不会破坏土壤结构，布置使土壤表面板结。

3. 改善生态环境

膜上灌溉对作物生态环境的影响主要表现在地膜的增湿增热效应，由于作物生育期内地面由地膜均匀覆盖，膜下土壤白天蓄积热量，晚上散热较少，而膜下的土壤水分又增大了土壤的热容量，因此，导致低温提高而且相对稳定。从而促进了作物生长发育，使作物提前成熟。

4. 增产效果明显

由于膜上灌溉是通过膜孔膜缝适量地进行灌溉，为土壤提供了适宜的水分条件，并改善了作物的水、肥、气、热的供应和生态条件，从而促使了作物出苗率高，发育健壮，达到增产增收。

第四节 沟灌节水技术

一、沟灌技术的使用范围和条件

沟灌是在作物行间开挖灌水沟，灌溉时由输水沟或毛渠将灌溉水引入田间垄沟，水在流动过程中主要借重力作用和毛细管作用，从灌水沟沟底和沟两侧入渗，以湿润垄沟周围土壤的地面灌水方法。沟灌适用于灌溉宽行距的中耕作物，如玉米、薯类、蔬菜、果树、林木等作物，窄行距作物一般不适合用沟灌。沟灌比较适宜中等透水性的土壤。适宜于沟灌的地面坡度一般在 0.005 ~ 0.02。地面坡度不宜过大，否则，水流流速快，容易使土壤湿润不均匀，达不到预定的灌水定额。深沟灌常用于灌溉多年生、深根行播作物；浅沟灌或细流沟灌一般适用于土壤渗水较缓慢的土质及密植作物。由于沟灌主要是借毛细管力湿润土壤，土壤入渗时间较长，故对于地面坡度较大或透水性较弱的地块，为了增加土壤入渗时间，常有意增加灌水垄沟长度，使垄沟内水流延长，形成多种多样的灌溉垄沟形式，如回曲沟、锁链沟、直形沟、八字形沟、方形沟等。

二、沟灌技术的优、缺点

1. 优点

①灌水后不会破坏作物根部附近的土壤结构，可以保持根

部土壤疏松，通气良好。

②不会形成严重的土壤表面板结，能减少深层渗漏，防止地下水位升高和土壤养分流失。

③在多雨季节，可以利用灌水沟汇集地面径流，并及时进行排水，起排水作用。

④沟灌能减少植株间的土壤蒸发损失，有利于土壤保墒。

⑤开灌水沟时还可对作物兼起培土作用，对防止作物倒伏效果显著。沟灌时，沟状水流仅覆盖了 1/5 ~ 1/4 的地面，因此，与畦灌方法相比，可减弱土壤蒸发，对土壤团粒结构的破坏较小，省水，灌水效果比较理想，田间灌水有效利用率可达80% 以上。

2. 缺点

沟灌需要开挖灌水沟，劳动强度较大，若能采用开沟机械，则可使开沟速度加快，开沟质量提高，劳动强度减弱。

三、沟灌技术的关键技术

1. 灌水沟深度

依灌水沟断面尺寸及沟深可分为深灌水沟和浅灌水沟两种。深灌水沟深度大于 0.25m，底宽大于 0.3m；浅灌水沟深度小于 0.25m，底宽小于 0.3m。

2. 灌水沟的间距

灌水沟的间距，也就是沟距，应和沟灌的湿润范围相适应。根据多年的试验研究和实践，推荐轻质土沟间距 50 ~ 60cm，中质土沟间距为 65 ~ 75cm，重质土沟间距为 75 ~

80cm，沙壤土沟间距为 45 ~ 60cm，黏壤土沟间距为 60 ~ 75cm，黏土沟间距为 75 ~ 90cm。为了保证一定种植面积上栽培作物的合理密度，一般情况下，灌水沟间距应尽可能与作物的行距相一致。作物的种类和品种不同，要求的种植行距也不相同。因此，在实际操作中，根据土壤质地确定的灌水沟间距与作物的行距不相适应时，应结合当地具体情况，考虑作物行距要求，适当调整灌水沟的间距。

3. 灌水沟的长度

灌水沟的长度与土壤的透水性和地面坡度有直接关系。地面坡度较大、土壤透水性能较弱时，灌水沟长度可以适当长一些。而地面坡度较小、土壤透水性较强时，要适当缩短灌水沟沟长。根据灌溉试验结果和生产实践经验，一般沙壤土上的灌水沟长度约为 30 ~ 50m，黏性土壤上的沟长为 50 ~ 1 00m。蔬菜作物的灌水沟长度一般较短，农作物的沟长较长。灌水沟长度不宜超过 1 00m，以防止产生田间灌水损失。

4. 灌水沟的断面结构

灌水沟的断面形状一般有梯形和三角形。其深度和宽度依据土壤类型、地面坡度、作物种类等确定。为防止实施沟灌时出现"沟漫灌"等浪费水的现象，通常对于行距较窄（平均行距 0.55m 左右）、要求小水浅灌的多采用三角形断面；玉米行距较宽，一般在 0.7 ~ 0.8m，灌水量较大，多采用梯形断面。梯形断面的灌水沟上口宽 0.6 ~ 0.7m，沟深 0.2 ~ 0.25m，底宽 0.2 ~ 0.3m；三角形断面的灌水沟，上口宽 0.4 ~ 0.5m，沟深 0.1 6 ~ 0.2m，灌水沟中的水深一般为沟深的 1 /3 ~ 2/3。梯形断面灌水沟实施灌水后，往往会改变成为近似抛物线形断面。

5. 入沟流量

不同土壤、灌水定额、地面坡度、沟长情况下的入沟流量不同。国内河南省、陕西省等地根据引黄灌区沟灌试验结果，推荐较为适宜的入沟流量、灌水沟长度和灌水定额。

四、实施沟灌技术的注意事项

①正确确定开沟时间：灌水沟的开沟时间，对灌溉的实际效果影响很大。开沟过早，会压伤幼苗，损失地墒；开沟过迟，则会因植株过高而使根茎受损伤，或土壤过于干燥影响开沟质量。灌水沟的开沟时间可结合中耕、施肥、培垄进行。适宜的开沟时间：玉米苗高 50cm 左右、马铃薯苗高 20cm 左右。开沟后一定要进行整沟，使其通畅不挡水，以避免灌水时发生串沟或漫沟。

②留足行距，保证开沟质量：为保证沟灌质量，作物行距要留足，灌水沟开沟深度不可太浅，这样才能达到垄大、沟深，容水多，不串沟，不漫溢，板结少。

③认真组织实施沟灌：实施沟灌灌水时，当各输水沟流量调整均匀后，可按两人一组，划分灌水地段。一人在沟口负责调整各分水沟或灌水沟的流量，一人随水头进入田间看水，使洼地不积水，高地不阻流。

④对于不同沟形，应采取不同的引灌方法。

⑤抓紧灌后中耕、蓄水保墒。据测验，在灌水量相同的情况下，中耕比不中耕可延长耐旱时间 2～4d。

第五节　喷灌节水技术

一、喷灌原理

喷灌是将灌溉水加压，通过喷头模拟降雨的形式，在喷洒的过程中，喷头将具有压力的水喷洒到空中，形成水滴均匀洒落在田间及作物上。

二、喷灌系统结构组成

喷灌系统通常由水源工程、首部装置、输水管道、喷头等部分组成。

①水源工程：是指能够提供灌溉用水的水源，如河流、湖泊、池塘、水井等。

②首部装置：是指将灌溉用水从水源点吸提、增压、输送到管道系统的装置，一般是指潜水泵、加压泵等使用电力或柴油机作为动力的配套设备。

③管道系统：其作用是将压力水输送并分配到田间，通常管道系统有干管和支管两级，在支管上安装喷头。管道系统还包括有其他附件，如弯头、三通、接头、闸阀等。

④喷头：喷头是喷灌系统的专用部件，安装在支管竖管上，有的也可直接连接在支管上。

三、喷灌分类

1. 固定式喷灌

除喷头可拆卸除外，整个喷灌系统整个季节甚至常年固定在田间，通常是将各级管道埋入地下，喷头安装在固定竖管上。其优点是：工程占地少，易于操作管理，生产效率高，便于实行机械化控制。但缺点也较为突出，其设备利用率较低、耗材多、投资大、不利于机械化耕作。其适用于浇水次数频繁，经济价值较高的作物。

2. 移动式喷灌

其各级部分都可进行拆卸，在一个灌溉季节中不同地块可轮流使用。优点是：设备利用率高。缺点是：设备拆卸、安装、搬用的强度较大，生产效率较低、设备易损度高、维修成本较大，同时，不适用于高秆高密作物。

3. 半固定式喷灌

一般指泵站和干管不动，支管和喷头可以移动。其优点是：投资相对较低、适用性广泛、几乎适用于所有的旱作物和土壤条件。

4. 机组式喷灌

喷灌机是将喷灌系统中有关部件组装成一体，组成可移动的机组进行作业。其组成一般是在手抬式或手推车拖拉机上安装一个或多个喷头、水泵、管道，以电动机或柴油机为动力，进行喷洒灌溉的，其结构紧凑、机动灵活、机械利用率高、价格较低，能够一机多用，单位喷灌面积的投资低。

轻小型喷灌机是目前中国农村应用较为广泛的一种喷灌系统，特别适合田间渠道配套性好或水源分布广、取水点较多的地区。

5. 田间工程

移动式喷灌机在田间作业，需要在田间修建水渠和调节池及相应的建筑物，将灌溉水从水源引到田间，以满足喷灌的要求。

四、喷灌技术应用发展趋势

喷灌是一种具有节水增产、接地、省工等优点的高效灌溉技术，是现代农业的标志和重要组成部分，同时，喷灌还具有对土壤、地形、作物适应性强的特点。目前，喷灌的发展走向趋势是：

①向低压、低耗能、高效方向发展。喷灌属于有压灌溉，其系统的能耗一般高于地面灌溉系统，致使灌溉成本提高，随着能源的紧张，发展低压喷灌成为一种趋势。

②利用清洁能源，利用太阳能和风能。

③精准灌溉，根据农田中不同区域的水分、养分及作物生长状况，做到水、肥、药的精量控制。

④高利用率和搞生产效率，随着劳动力成本的增高，精准灌溉技术的发展，喷灌系统的发展越来越趋向于提高使用率、降低劳动强度、多目标喷洒、减少运行费用方面发展。

第六节 微灌技术

一、微灌技术原理

微灌是利用专门设备或自然加压，再通过系统末级毛管上的孔口或灌水器，将有压水流变成细小水流或水滴，直接输送到作物根区附近，均匀适量施与作物根部土层土壤的灌水方法。

二、微灌的类型

1. 地表滴灌

地表滴灌是通过末级管道（称为毛管）上的灌水器，即滴头，将压力水以间断或连续的水流形式灌到作物根区附近土壤表面的灌水形式。

2. 地下滴灌

地下滴灌是将水直接施到地表下的作物根区，其流量与地表滴灌相接近，可有效减少地表蒸发，是目前最为节水的一种灌水形式。

3. 微喷灌

微喷灌是利用直接安装在毛管上，或与毛管连接的灌水器，即微喷头，将压力水以喷洒状的形式喷洒在作物根区附近的土壤表面的一种灌水形式，简称微喷。微喷灌还具有提高空气湿度，调节田间小气候的作用。但在某些情况下，例如，草坪微喷灌，属于全面积灌溉，严格来讲，它不完全属于局部灌溉的范畴，而是一种小流量灌溉技术。

4. 涌泉灌

涌泉灌是管道中的压力水通过灌水器，即涌水器，以小股水流或泉水的形式施到土壤表面的一种灌水形式。

三、微灌系统组成

典型的微灌系统通常由水源工程、首部枢纽、输配水管网和灌水器四部分组成。

1. 水源工程

江河、渠道、湖泊、水库、井、泉等均可作为微灌水源，但其水质需符合微灌要求。

2. 首部枢纽

包括水泵、动力机、肥料和化学药品注入设备、过滤设备、控制器、控制阀、进排气阀、压力流量量测仪表等。其作用是从水源取水增压并将其处理成符合微灌要求的水流输送到系统中去。

3. 输配水管网

输配水管网的作用是将首部枢纽处理过的水按照要求输送分配到每个灌水单元和灌水器，输配水管网包括干、支管和毛管三级管道。毛管是微灌系统的最末一级管道，其上安装或连接灌水器。

4. 灌水器

灌水器是直接施水的设备，是微灌中最为关键的部件，其作用是消减压力，将水流变为水滴或细流或喷洒状施入土壤。包括微喷头、滴头、涌水器、滴灌等多种形式。

四、微灌系统的优点

微灌技术的最大特点是能够根据作物需水量和土壤特性，频繁小量供水，严格控制灌水量和土壤水分状况，可以非常方便低将水施灌到每一株植物附近的土壤，经常维持较低的水应力满足作物生长要求，比其他灌溉方式有明显的节水效果。微灌还具有以下诸多优点。

1. 省水

微灌按作物需水要求适时适量地灌水，仅湿润根区附近的土壤，因而显著减少了灌溉水损失，提高了水利用率。

2. 省工

微灌是管网供水，操作方便，劳动效率高，而且便于自动控制，因而可明显节省劳力；同时，微灌是局部灌溉，大部分地表保持干燥，减少了杂草的生长，也就减少了用于除草的劳力和除草剂费用；肥料和药剂可通过微灌系统与灌溉水一起直接施到根系附近的土壤中，不需人工作业。

3. 节能

微灌灌水器的工作压力一般为 50～150kPa，比喷灌低得多，又因微灌比地面灌省水，对提水灌溉来说意味着减少了能耗。

4. 灌水均匀

微灌系统能够做到有效地控制每个灌水器的出水流量，因而灌水均匀度高，一般可达85%以上。

5. 增产

微灌能适时适量地向作物根区供水供肥，为作物根系活动层土壤创造良好的水、热、气、养分环境，因而可实现高产稳产，提高产品质量。

6. 对土壤和地形的适应性强

微灌采用压力管道将水输送到每棵作物的根部附近，可以在任何复杂的地形条件下有效工作。

但是，微灌系统投资一般要远高于地面灌；灌水器出口很小，易被水中的矿物质或有机物质堵塞，如果使用维护不当，会使整个系统无法正常工作，甚至报废。

五、微灌技术应用发展趋势

（1）家庭小型微灌系统越来越受到欢迎

利用水桶水箱作为水源，利用手压泵、脚踏泵等提供动力，简单方便实用，适宜控制面积较小的种植方式。

（2）地下滴灌的优势越为凸显

地下滴灌有着其他灌水方式无法比拟的优点，可利用污水灌溉和没有地表滴灌带回收难和铺设难的问题已成为地下滴灌迅速发展的主要原动力。

（3）微灌设备朝着系列化、安全化的方向发展

出于经济目的的限制，滴管带越来越薄，使用寿命较短，势必会对自然生态环境造成严重的污染问题。因此，设备的系列化、安全化成为以后微灌技术发展的主要方向。

第三章　河北省低平原区管理
节水技术手段

第一节　种植结构节水技术

一、构建节水型种植结构的科学依据

河北省地处华北平原，是我国北方缺水最严重的地区之一。种植业是农业耗水大户，灌溉用水占农业总用水量的80%以上，构建科学合理的农业生产结构应首先从种植业入手，建立资源节约型种植业结构。在水资源紧缺的干旱和半干旱地区，除去节水栽培和节水灌溉技术之外，优化合理的种植业结构是实现农业节水的一项重要举措。不同作物的耗水量与有效降水量的时空分布的耦合程度存在显著差异，这是节水型作物种植结构调整的科学依据，适当压缩耗水多的作物，增加对雨水利用效率高的作物，可有效节水。节水高效种植业结构是节约和高效用水的种植业结构，以低水资源投入高产出为目标，以有限的水资源实现种植业经济效益最大化。

二、节水型种植结构

种植结构调整是节水的重要手段，节水是节水型种植结构的根本特征，适水种植是节水型种植结构的基础。不同的种植结构具有不同的水量需求，应以当地水资源条件为考量指标，选择与当地降水耦合度高、抗旱性强、水分利用率高的品种种植，优化种植业结构，科学安排作物布局，高效利用当地水资源。优化调整种植结构节约水资源需注意以下几点。

①选择低耗水量的作物和抗旱性强的品种，直接减少种植业用水量。

②依据当地自然资源条件，调整农作物的播种期，使作物的需水时间与自然降雨相重叠，减少灌溉用水。

③选择合理的种植制度，使得作物在整个生育期内能够充分利用当地的水资源，产量效益最大化。

④在一定的耗水量前提条件下，选择种植收益高的作物，使农民在不增加水资源投入的情况下，取得更高的收入。

宫飞对不同灌溉水平下农作物的水分利用效率及作物组合的节水潜力进行了研究，结果表明，适度灌溉是必要的，但过多的灌溉量不会对作物产量的形成产生重大影响，而水分利用效率亦不会有大幅度的差异，而过多的水资源投入会降低收益。从对不同作物组合模式及替代模式的水分利用状况和节水潜力的分析得出，相对于"冬小麦—夏玉米"而言，应用优化的"黑麦—旱稻"模式可以在单位面积农田产值基本不变的基础上，节约灌溉水量 1 500 ~ 2 000m³/hm²，"黑麦—棉

花"模式可以在大幅度提高产值的基础上，节约灌溉水量
2 500～3 500m³/hm²。武雪萍通过建立节水型种植结构优化灰
色多目标规划模型，应用 Lingo 软件运算求解，并优化筛选，
得出了 2010 年洛阳市节水高效种植结构方案，在优化方案中，
粮经饲结构由 73.8∶24.5∶1.7 大致调整为 66.9∶28.1∶5.0，
即适当压缩粮食作物，扩大经济作物和适当增加饲草作物面
积，而在粮食作物内部稳定口粮作物（冬小麦）的种植面积，
压缩非口粮作物的面积。左大康对华北平原的适水种植问题进
行了研究，通过对华北平原自然条件及作物需水量与水分盈亏
的分析，提出了冬小麦、夏玉米和棉花的适水种植方案。李志
宏以衡水市为例，分析了河北低平原干旱缺水区作物种植和水
资源利用现状，提出了以水资源平衡利用为核心的作物种植结
构调整方案：压缩耗水多的小麦、玉米面积各 20% 和 40.2%，
稳定棉花和果菜面积，增加甘薯类旱作高效商品性作物，既可
维持水资源的持续利用，还可增加种植业人均收入 22.9%。

三、节水高效种植结构调整的基本方向

河北省水资源严重不足，为维持工农业生产的正常运转，
每年超量开采地下水 50 亿 m³ 左右，河北省地下水超采量和超
采面积均约占全国的 1/3，是全国最大的地下水漏斗区。保障
水资源的可持续利用的最根本的方法就是节约用水，尤其要减
少对地下水资源的开采。种植结构调整是节约农业用水的重要
途径。

1. 稻谷

稻谷是大田农作物中需水、耗水量最多的粮食作物。由于

种植历史、消费习惯和自然资源的制约，河北省稻谷种植面积比例一直很小。在水资源日益紧缺的背景条件下，未来河北省稻谷面积将仍然呈降低趋势。

2. 小麦

小麦是我国第三大粮食作物。河北省是我国小麦主产区之一。小麦在河北种植历史悠久，加之粮食种植补贴政策的推行以及当地人对面食的独特偏爱，河北省小麦种植面积变幅不会太大。但由于水资源紧缺加剧，河北省推行资金补贴以压减小麦种植面积，未来小麦面积会有所降低以减少水资源的消耗。

3. 玉米

玉米是一种粮饲兼用型的 C4 高光效作物，具有高水分的利用效率。玉米在保障国家粮食安全上起举足轻重的作用。玉米用途多种多样，是食品、化工、燃料、医疗等行业的重要原料。河北省玉米种植面积和比例均在稳步上升，同时，推行农田休闲只种一季玉米的补贴政策，未来河北省玉米的种植面积还会进一步上升。

4. 棉花

棉花是世界性重要的经济作物。河北省是我国传统的植棉大省。20 世纪 50 年代棉花种植面积和总产量曾居全国之首。2001—2012 年 12 年间河北省的棉花种植面积一直保持在 600 万亩以上，其中，在 2008 年突破 1 000 万亩。近年来，由于劳动力成本的提高和棉花市场价低的极大反差，农民植棉积极性低下，河北省棉花种植面积大幅度下滑。未来农机与农艺相结合，实现植棉机械化将是河北棉花摆脱困境的唯一出路。

5. 油料

食用油安全问题一直是人们关注的焦点。地沟油事件不断曝光,出于对饮食健康的考虑,许多农民开始一家一户自己种植油料作物自己榨油吃,油料作物在河北种植面积有所上升,预计2015年河北省油料作物面积将达600万亩,尤其是新型高产油料作物油葵在河北的种植面积迅速扩大。

6. 瓜果蔬菜

随着人民收入生活水平的不断提高,膳食结构不断优化,对瓜果蔬菜的需求量也在持续增长,加之瓜果蔬菜具有良好的经济效益,一直备受老百姓"青睐",种植面积也在不断攀升,预计2015年河北省瓜果蔬菜面积将达820万亩。今后要在如何提高产品质量上多下工夫,促进优势产品专业化规模化生产,树立品牌标杆,增强发展后劲。京津冀一体化农业先行,一年会有300万t"河北菜"进京,未来河北省的瓜果蔬菜面积还将进一步攀升。

第二节 构建节水灌溉制度

一、节水灌溉的目的和意义

河北省是我国水资源最匮乏的省份之一,多年平均水资源量为203亿m³,人均水资源占有量为311m³,仅为全国平均值的1/7,甚至不及以干旱缺水著称的中东和北非地区。河北省是传统的农业大省,农业在河北省国民经济中占有重要比重。河北省农田灌溉用水占水资源总消耗量的70%以上,而农业灌溉水的利用率仅为40%~50%,近50%以上的水被浪费掉。

科学合理地灌溉，对节约用水和农业可持续发展意义非凡。

灌溉制度是依据作物的需水量和需水规律，在充分利用自然降水的基础上，以作物高产和节约用水为目标而制定的适时、适量的灌水方案。其内容主要包括灌水次数、灌水时间、灌水定额和灌溉定额，灌水次数指农作物在整个生育期中实施灌溉的次数；灌水时间指每次灌水的灌水日期；灌水定额指某一次单位面积上的灌水量叫灌水定额，各次灌水定额之和叫灌溉定额。依据灌溉水能否满足作物对水分的需求，可划分为充分灌溉制度和节水灌溉制度，其中，充分灌溉制度在作物全生育期内保证作物水分足量供应，以获取最高产为最终目的；节水灌溉制度是在水资源缺乏的干旱或半干旱地区，限制作物的水分供应，允许作物遭受一定程度的缺水和减产，把有限的水资源用在作物需水关键期，经济效益最大化，争取以较少的水资源投入获得较高的作物产量。节水灌溉制度，对于小麦、玉米连作区，可以减少小麦苗期的灌水量，一般每公顷可减少 750m^3，棉花可在苗期或絮期减少灌水量，一般每公顷可减少 750m^3。水稻可以在分蘖期减少灌溉水量或不灌。采用节水灌溉后，一般单产会有所降低。

二、节水灌溉制度的理论根据

1. 作物对水分亏缺胁迫的响应

作物在不同生育时期对水分需求量不同，不同时段缺水对作物造成的不利影响也不同。作物生长的关键期缺水会使作物产量显著降低，而某些时段缺水作物的产量减幅很小，这一时段可以适度控水以提高水分利用率，减少水资源的消耗。沈荣开等研究得出，作物产量一般随供水量的增加而增加，当达到一定产量水平时再增加供水量，作物产量不增或增幅极小，而水分利用效率与供水量关系并非为单一的增值曲线。存在"报酬递减"现象，即高供水量并非获得最高产量。黄占斌等研究得出，在一定条件下，有限水分亏缺对光合作用影响小，但可使蒸腾作用明显下降。一定水分亏缺范围内大田植株干物质量下降比率，常小于水分消耗的下降比率，从而获得较高的水分利用率。

2. 作物水分的实时监控

适宜的灌水量和灌水时间是节水灌溉制度中的关键环节。由于自然降雨和农田蒸发等因素影响，再加上作物自身在不同阶段对水分需求和消耗也不相同，土壤水分状况具有一定的随机性，随时可能因外界环境条件的改变而发生变化。因此，要保障作物产量和品质，避免不可逆的水分胁迫伤害发生，对作物全生育期内进行水分监控就显得十分必要，依据作物的实时水分状况，及时调整优化节水灌溉制度，有效避免水资源的浪费，提高水分利用效率。

3. 作物水分生产函数

作物的水分生产函数是定量描述作物水分状况与产量之间的数量关系的函数，是水资源紧缺地区制定节水灌溉制度的重要依据。利用作物的水分生产函数，可以明确作物生育期内水分的投入量与产量水平之间的相互对应关系，预测不同灌溉水平下的作物产量，优化灌溉制度，提高水资源利用率，避免有限水资源的盲目灌溉。谢静应用冬小麦不同灌水处理下的耗水量计算结果和对应产量的试验资料，用 Jensen、Blank、Minhas、Stewart 4 个模型，确定了相应的敏感指数并进行检验，筛选适合当地的水分生产函数模型，结果表明，河北平原地区小麦水分生产函数用 Jensen 模型拟合效果最佳。Heping Z 等在地中海地区研究了冬小麦水量和产量的关系，得出在最优灌溉制度下全生育期的腾发量与产量呈线性关系，产量与水分利用效率的关系是二次多项式。

三、节水灌溉制度的制定

作物的需水规律、田间耗水量及产量要素是制定灌溉制度的依据。农业离不开用水，作物灌溉制度制定是否合理与节约用水、投入产出效益等直接相关，尤其是在水资源匮乏的干旱和半干旱地区，它直接关乎农业生产的长远发展。作物灌溉制度因种植品种、作物种类、生态气候条件而异，即便是同一种作物，在不同的水文年份，由于降水量和蒸发量的不同，其灌溉制度也会有所差异。科学合理的灌溉制度应最大限度利用自然降雨，以最少的水资源投入实现作物高产的目标。王红霞运用动态规划法和混沌算法计算水量分配模型，对河北省栾城地区（p＝75% 平水年）冬小麦进行了节水灌溉制度优化，优化结果表明：灌溉定额较小时，冬小麦产量随灌溉定额（供水量）的增加而有较大幅度的增加；随着灌溉定额加大，产量增加的梯度减小，即灌水的边际效益减小；到一定的灌溉定额后，再增加供水对增产无益。拔节—抽穗阶段是冬小麦需水关键水生育时段。土壤最低含水量为 18% 标准下的冬小麦达到丰产时需要的灌溉定额为 4 264.03m³/hm²。赵英娜评价分析河北省邢台市夏玉米节水灌溉制度，认为邢台市夏玉米生育期内的降水，一般能满足夏玉米的需水要求，根据天然降雨情况灌溉出苗水、抽穗水和灌浆水，（p = 75% 平水年）达到丰产时需要的灌溉定额为 1 200 ~ 1 350m³/hm²。张艳红研究表明，不同阶段土壤干旱对棉花生长发育及产量影响的程度从大到小的顺序依次为蕾期 > 花铃期 > 吐絮期 > 苗期。水分充足条件下，棉花全生育期的耗水量在 375 ~ 456mm。耗水量随着水文年份从湿润到干旱逐渐变大，产量逐渐增加；棉花全生育期的日耗水规律与作物系数变化规律趋势一致，皆为一单峰值曲线，日耗水高峰出现在花铃盛期（7 月中下旬至 8 月中上旬）。刘幼成等以 1991—1994 年在河北省冀东滨海稻区的实测资料依据，得出了水稻在旱育稀植条件下的耗水量及节水灌溉制度，具体为：返青期—分蘖期共灌水 5 ~ 7 次，灌水定额300 ~ 450m³/hm²，灌溉定额为 2 550m³/hm²左右；拔节孕穗期—抽穗开花期一般根据降雨补灌 5 ~ 6 次，灌水定额 375 ~ 525 m³/hm²，灌溉定额为 2 400m³/hm²左右；灌浆—成熟期需补水 3 ~ 4 次，灌溉定额为 1 500m³/hm²，在收割前 7 天左右停水。

四、实施节水灌溉制度注意要点

①以作物不同生育时期的需水量为依据，确定灌溉次数、灌水日期和灌水量，在保证作物正常生长发育的前提条件下，在作物需水关键期灌水，科学合理灌溉，使投入与产出的经济效益最大化。

②搞好土壤墒情和气象监测预报工作，充分利用土壤水和自然降雨，及时调整灌溉时间和灌水量，提高水分生产率，减少水资源的浪费。

③节水灌溉制度与田间管理措施紧密结合。据统计，作物耗水量中有40%以上的水量白白从田间蒸发散失。采取田间秸秆覆盖、勤中耕深中耕及施用抗旱保水剂等方式，减少田间水分蒸发流失，提高土壤水分利用率，从而达到减少灌溉用水的目的。

第三节　农艺节水技术措施

一、耕作保水技术

土壤耕作是指在作物生长过程中，利用农机具的物理机械作用，改良土壤耕作层结构，调理土壤中的水、肥、气、热等作物生长因子，营造作物适宜生长田间环境，主要方式为翻耕、耙地、镇压、中耕、起垄等。利用这些耕作措施能够疏松耕作层土壤，增加土壤微生物活性，培肥地力，增加土壤有机质含量，同时，能减弱土壤水分蒸发，蓄水保墒，达到高效用水之目的。黄明等研究不同耕作方式对旱作区冬小麦花后土壤水分和养分状况、小麦籽粒灌浆速率及产量的影响，结果表明，免耕覆盖、深松覆盖开花期和灌浆期0~40cm土层土壤水分含量分别比传统耕作提高了4.13%、6.23%、5.50%和9.27%，而且0~40cm土层碱解氮、速效磷、速效钾含量均显著高于传统耕作，为小麦开花后生长发育提供了良好的环境，促进花后干物质积累及干物质向籽粒转运，进而提高了籽粒灌浆速率，使得籽粒产量显著提高。吕美蓉等在小麦、玉米一年两熟条件下研究常规耕作、深松耕、耙耕、旋耕和免耕 5 种耕作方式对农田土壤水分和冬小麦产量的影响，结果表明，相对于常规耕作，深松耕能够显著提高土壤水分充足期的土壤含水率，有利于作物生长发育，增加冬小麦产量。深松耕的籽粒产量极显著高于常规耕作，比常规耕作高 490. 20kg/hm^2。韩宾等研究不同耕作处理对冬小麦出苗率、群体动态和产量构成的影响，结果表明，耙耕、深松在与常规耕作相同播量下能形成适宜的群体，且穗粒数和千粒重均高于常规耕作，分别比常规耕作增产 8. 15% 和 6. 91% 。

二、田间覆盖保水技术

田间覆盖是农田保墒的重要技术措施之一，主要有地膜覆盖、秸秆覆盖、砂石覆盖和化学覆盖等。选择合适的田间覆盖技术，能有效减少农田蒸发，调节土壤温度，培肥地力，起到保墒蓄水作用，为作物生长营造良好土壤水分环境，达到提高水分利用效率的目的。蔡太义等研究不同秸秆覆盖量对渭北旱原春玉米田蓄水保墒及节水效益的影响，试验设置 3 个水平玉米秸秆覆盖量：4 500kg/hm^2、9 000kg/hm^2 和 13 500kg/hm^2，以不覆盖作为对照处理。结果表明，3 个不同覆盖量处理 2m 土层 2 年（2008 年和 2009 年）平均土壤贮水量，与不覆盖对照相比，冬闲末依次分别高 13. 9mm、22. 6mm 和 33. 5mm；播种—拔节期分别高 20.2mm、32.6mm 和 42.1mm；收获期分别高 15.6mm、19.1mm 和 21.0mm。不同覆盖处理延缓了春玉米前期的生长，但加快了中后期的生长速度。覆盖处理 2 年籽粒产量均显著高于不覆盖对照，3 个不同覆盖量处理 2 年平均纯收益依次分别增加 6.53%、16.89% 和 15.95%，同等产量节水率分别提高 5.14%、8.35% 和 7.44%，节水效益分别增长 50.07 元/hm^2、81.31 元/hm^2 和 72.30 元/hm^2。鲁雪林等对不同熟期棉花在不同地膜覆盖方式下的产量进行对比研究，结果表明，地膜覆盖显著提高了棉花的产量、铃数和铃重，对衣分的影响不大；地膜覆盖对霜前花率也都有所提高，尤其现蕾期揭膜提高显著。王玉坤等在袁庄 3 年的试验结果表明，冬前麦田覆盖麦秸秆或玉米秸秆 3 750 ~ 4 500kg/hm^2，可收到良好的覆盖节水、增产效果；且越是干旱，覆盖增产效果越显著；同等产量水平，覆盖后减少棵间蒸发量 34.5% ~ 37.9%，相当于少灌一水，节约灌溉水量 750m^3/hm^2。

三、增施有机肥和秸秆还田技术

肥料是农作物的粮食，其在作物生长和产量形成中具有重要作用。作物的增产离不开养分的投入，农业生产上焚烧秸秆不仅污染环境，还造成养分资源的白白浪费，农田养分得不到充分循环利用，土壤中的有机质含量不断降低，土壤严重板结化，耕地质量降低，影响农作物产量和品质。充分利用秸秆资源，增施有机肥，促进农田养分循环，培肥地力，是实现农业高效持续发展的重要举措。胡星在江苏省姜堰市沈高镇双徐农场2005—2007年连续3年的定位试验结果表明：

①秸秆全量还田（秸秆量为400kg/亩）水稻增产效应显著。在无肥区秸秆全量还田水稻增产9.37kg/亩，增2.4%。

②施有机肥水稻增产效应显著。在无氮空白区中增施有机肥水稻可增产35.83kg/亩，增9.2%；在秸秆还田与施有机肥区可增产69.18kg/亩，增17.2%。王艳平等研究认为，增施生物有机肥可以提高旱地小麦品质和产量，以每亩地增施60kg生物有机肥的小麦产量较高，比不增施提高10.66%。路文涛等在宁南旱区通过研究秸秆还田对土壤水分及作物生产力的影响，结果表明，随秸秆还田量由高到低，在试验第三年（2009年）玉米播种期0~200cm土层的土壤贮水量分别较对照（秸秆不还田）提高8.8%、9.9%和6.8%；成熟期0~200cm土层的土壤贮水量分别较对照提高14.8%、13.9%和12.8%；产量分别较对照显著提高30.7%、29.2%和12.5%（P<0.05）；作物水分利用效率分别较对照显著提高41.1%、35.9%和21.3%（P<0.01）。

四、农田水肥耦合技术

水肥耦合指水分和肥料两因素或水分与肥料中的氮、磷、钾等因素之间的相互作用，对植物生长及其利用效率的影响。以肥调水，以水促肥，构建合理的水肥耦合模式，充分发挥水肥协同效应和激励机制，有效提高作物抗旱能力、产量和品质。张秋英等研究水肥耦合对玉米光合特性及产量的影响，结果表明，不同水肥耦合处理的条件下，玉米的光合速率有所不同，气孔导度的变化与光合速率的变化表现基本一致。其中，在自然降水条件下，有机肥和无机肥的配合，有利于玉米子粒灌浆期维持较高的光合速率，表现出良好的产量潜力。充足水条件下，有机肥和无机肥的配合，光合速率及气孔导度表现较低，表现产量有所下降，说明供水量与施肥量之间有一个平衡系数。金剑等研究水肥耦合对春小麦光合特性及产量与蛋白质含量的影响，结果表明，不同水肥耦合处理的条件下，春小麦灌浆期的光合速率不同，其中，增施有机肥的处理的光合速率高于不施有机肥的无机肥处理，且光合速率衰减率较小，表现出良好的产量潜力。在自然降水条件下，有机、无机肥配合施用可使春小麦既高产又优质。徐国伟等研究不同水肥耦合条件下小麦产量性状的变化，结果表明，在同一水分条件下，增施氮肥显著增加单位面积穗数；同一氮肥处理下，灌水处理增加了穗粒数及千粒重，平均增加 4.2% 与 2.9%，最终产量提高 9.3%。周春林研究水稻生长需水特性，水肥耦合对水稻产量、品质形成特性的调控效应，结果表明，施氮量 270kg/hm^2 和分蘖期水分亏缺 6.22% ~7.13% 处理、施氮量 200kg/hm^2 和分蘖期水分亏缺 6.22%~7.13% 和拔节期水分亏缺 7.87%~8.17% 的处理能够满足对于稻米产量及品质的要求。

五、抗旱品种的选择和作物布局调整

抗旱作物品种的推广应用和作物合理布局是干旱区农业节约用水的有效措施。选择种植强抗旱性品种的同时缩减耗水量大的农作物种植面积，能有效提高水分利用效率，既减少了水资源消耗量，又节约劳动力与灌溉成本。隋鹏等研究不同类型冬小麦品种的土壤水分消耗特性及根系生长规律，结果表明，节水抗旱型小麦根系发达且土壤水分利用率高，是相同灌水处理喜高水肥品种的 115%。节水抗旱小麦品种（邯 5316）具有较强的节水高产特性，特别是在春季浇一水的情况下，两年产量平均超过 7 000kg/hm²，水分利用效率接近 23kg/（mm/hm²）。张喜英等研究表明，1982—2002 年，由于品种的更新换代和农艺节水栽培技术的应用，使河北省小麦的产量提高了近 50%，水分利用效率也从 10kg/（mm/hm²）约增加到 15kg/（mm/hm²）。胡志桥等采用轮作与调亏灌溉相结合的技术措施，寻求适宜石羊河流域的种植模式和灌溉方法，结果表明，不同调亏灌溉条件下制种油葵—小麦/黄豆和小麦/黄豆—小麦两种模式具有增产、节水、提高水分利用率和增加经济收入的潜力，与常规小麦—玉米轮作模式相比，等价产量分别提高 14.1% ~ 29.5% 和 −0.4% ~ 28.7%，分别节水 42.5 ~ 96.5mm 和 47.9 ~ 58.7mm。

第四章　传统作物节水种植模式技术集成

河北省水资源严重匮乏，人平均占有水量只有全国的1/6，属于严重缺水的省份之一。在所有耗水项目中，农业用水量约占70%。为了节约农业用水，提高水利用效率，实现全省农业可持续发展，就必须在主要农作物上做文章。目前，河北省主要种植的农作物有小麦、玉米、棉花、大豆，下面就这4种农作物的节水种植模式一一进行阐述。

第一节　小麦节水种植技术集成

小麦是河北省主要粮食作物之一，种植面积3 000多万亩。但是，由于全省气候条件差异较大，特别是年降水量变幅很大，降水量年内分配也极不均匀，不能完全满足小麦生育期内对水分的需求，特别是干旱、半干旱地区，雨量多集中在夏秋季，而冬春季节降水较少，在整个生长期中，小麦经常会受到干旱的威胁。因此，了解小麦的需水规律，采取已有的合理灌水和保墒节水措施，应用小麦节水模式与集成技术，可缓解干旱对小麦的影响，对于指导小麦生产，获得高产、稳产有着十分重要的意义。

一、小麦需水规律

小麦需水量是指在给定的生长环境条件下充分发挥其生产潜力，满足小麦蒸散耗水所需的水分。小麦的需水量取决于气候特性、土壤特性和与其相适应的栽培技术措施。小麦需水量通常包括两部分：一是叶面蒸腾水量；二是棵间蒸发水量。前者约占 60%~70%，后者约占 30%~40%。在小麦的幼苗期和分蘖期，叶面蒸腾较小，田间大多数地面未被叶片覆盖，此时，主要以棵间蒸发为主，随着小麦生长速度的加快，叶面积增加，蒸腾量也不断加大。当田间大多数地面被小麦叶片覆盖，棵间蒸发量降低，叶面蒸腾水量成为决定小麦需水量大小的主要因素，直到小麦孕穗期至开花期，小麦叶面积达到最大，叶面蒸腾达到高峰，灌浆以后，蒸腾量逐渐降低。小麦在播种到拔节期，需水量占总量的 20%~30%，拔节期到乳熟期需水量占总量的 50%~60%，乳熟期到完全成熟阶段，需水量占总水量的 10%~20%，从播种到成熟期，小麦的平均日需水量从小到不断增加，在开花期至乳熟期达到最大，随后减少。

小麦发达的根系，是其吸收土壤水分的基础。因此，促进小麦根系发育，可以保障小麦充分吸收土壤水分，提高水利用率。在半干旱地区，土壤表层 20cm 土壤水分变化较大，与小麦的生长发育有密切的正相关关系。研究发现，表层 20cm 土壤供水量占小麦耗水量的 50%~60%；20~50cm 土层次之，占耗水量的 20%；50cm 以下比较稳定，占耗水量的 20%。小麦根系主要分布在土壤表层，占到总根量的 70% 左右；0～40cm 土层中根量占到 80% 以上。由此可见，土壤表层 0～20cm 的土壤水分变化对小麦的生长发育中的水分供应影响最大，加强土壤表层水分的保护和开发利用将是旱作条件下的一项十分重要的工作。对于灌溉小麦，需要根据其生长不同阶段确定合理的灌溉计划湿润层，小麦的土壤计划湿润层大致是，苗期 30cm，分蘖期 40cm，拔节期 60cm，抽穗期 80cm 为宜。

二、小麦节水模式与技术集成

小麦一生需要的水分要保证其生长过程中的养分吸收、光合作用和呼吸代谢的需要，但是，在干旱、半干旱地区，由于没有充足的水分资源可供小麦生长吸收，因此，必须利用有限的水分，进行高效利用，获得最大的小麦产量，在近年的试验研究中发现，在水分有限的条件下，采用各种节水模式并进行技术集成，同样可以获得较高的小麦产量。

小麦节水耕作模式是在灌溉区和旱地农业区发展起来的一种保墒、改土、减少土壤表面水分蒸发，最大限度地接纳自然降水和灌溉水的一种保护性耕作技术，节水耕作模式依据不同的自然条件和小麦轮作种植制度，应用了一系列相应的耕作技术。

（一）小麦秸秆覆盖还田保墒

河北省低平原区，采用农作物秸秆覆盖可减少水分蒸发，改良土壤结构，增加降水入渗，还可增加土壤有机质，缓解氮、磷、钾比例失调的矛盾。常年坚持秸秆还田，会达到保墒、提高土壤肥力、增加作物产量及减少水土流失的目的，在节水、节能、省时、省工及保护环境资源方面具有显著效果，不但对培肥土壤有明显作用，而且后效十分明显，有持续的增产作用，是一项提高小麦产量的重要措施。

有人在已有农作物秸秆覆盖试验研究的基础上，针对渠灌区的小麦—玉米的轮作种植制度，采取不同秸秆覆盖还田的方式，对促进小麦生长发育和产量提高幅度方面进行了研究，其结果如下。

（1）秸秆粉碎还田 + 浅旋播种

在小麦—玉米轮作种植中，采用以下步骤：玉米收获→秸秆粉碎→浅旋残茬（施肥）→播种→人工控制杂草。玉米成熟后，人工收获玉米穗，剩余的玉米秸秆留田直立，用秸秆还田—根茬粉碎联合作业机粉碎秸秆和根茬，玉米秸秆覆盖在土壤表面，随后表面撒施氮、磷化肥，尿素 20kg/亩，过磷酸钙 70kg/亩，旋耕机直接将粉碎后的玉米秸秆、残茬与表层土壤混合，旋耕深度一般在 7～15cm。随后直接播种小麦。该模式的优点是提高了秸秆还田作业效果，增强了土壤保水、保肥和保土能力，充分利用了现有农机具和玉米秸秆，所需劳动力投入也少。其不足之处是部分秸秆旋入土壤，造成土壤表层玉米秸秆覆盖度不高，田间覆盖保墒效果稍差。

（2）高留茬 + 深耕 + 旋播

玉米成熟后，玉米穗人工收获，玉米秸秆从地表砍断，运出田块，高留茬，进行深耕，随后撒施氮、磷肥料，尿素

20kg/亩，过磷酸钙 70kg/亩，旋耕、播种和起垄。该模式适用于玉米秸秆用作畜牧业饲料，此种秸秆还田模式机具旋耕深度大，可以打破传统耕地形成的犁底层，改善了土壤通气性和土壤耕性，有利于小麦根系发育。但由于秸秆还田量小，保水、保肥和保土效果不十分明显，能量投入大。但此种模式与传统的种植模式较接近，容易被农民接受，推广应用难度小。

（3）粉碎还田 + 免耕播种

玉米成熟后，使用履带拖拉机配套秸秆粉碎还田机，或用秸秆还田—根茬粉碎联合作业机，在玉米秸秆直立状态时直接粉碎秸秆和根茬，秸秆切碎长度要小于 10cm，随后采用免耕覆盖施肥播种机进行播种与施肥作业。该种模式机具投入量小，秸秆覆盖地面，而且是实行免耕，增强了保水、保肥和保土能力，充分利用了免耕覆盖施肥播种机，秸秆覆盖播种一次完成，减少了对土壤的翻耕，减少工序 2 ~ 3 次，所需投入少，表层保墒效果好，是需要重点研究与推广的一种保墒种植模式。

（4）粉碎还田 + 深耕 + 旋播

玉米人工收获后，使用履带拖拉机配套秸秆粉碎还田机，或使用秸秆还田—根茬粉碎联合作业机，直接进行作业，秸秆切碎长度要小于 10cm，随后采用履带拖拉机进行深耕，深度35cm，接着施肥、旋耕、播种并起垄，表面撒施肥料，采用旋耕机直接将粉碎后的秸秆、残茬与浅层土壤混合，一般旋耕深度不大于 7 ~ 15cm。随后直接播种小麦。该模式是秸秆还田与传统农业耕作相结合，提高了秸秆还田作业效果，深耕打破了犁底层，有利于农作物根系的生长，增强了土壤保水、保肥和保土能力，有利于改善土体结构，增加土壤蓄水保墒性能，是改良土壤耕层的有效方法。该模式充分利用了现有农机具，其不足之处是所需投入资金和能量大，由于秸秆粉碎后深翻到土壤底层，地表秸秆覆盖度很低，土壤保墒的效果稍差。

（5）粉碎 + 旋播 + 覆盖

玉米人工收获后，表面撒施肥料，采用旋耕机直接将秸秆、残茬粉碎，一般旋耕深度不大于 7～10cm。随后直接播种小麦，农作物秸秆覆盖在地面。这种模式对机具结构要求高，但省工省时，秸秆覆盖地面，且免耕，增强了保水、保肥和保土能力。该模式充分利用了免耕覆盖施肥播种机，覆盖播种一次完成，所需投入少，秸秆覆盖度最高，保墒效果也很好。

（6）粉碎还田 + 旋耕 + 覆膜

在玉米人工收获后，使用履带拖拉机配套秸秆粉碎还田机，或使用秸秆还田—根茬粉碎联合作业机直接进行作业。秸秆切碎长度要小于10cm，随后采用履带拖拉机进行深耕，深度35cm，接着施肥、旋耕，采用地膜覆盖播种。该模式提高了秸秆还田作业效果，增强了保水、保肥和保土能力，充分利用了现有农机具，所需投入大，但地面覆盖度高，保墒效果好。

（二）小麦少耕、免耕技术

在干旱、半干旱地区的耕作中，应该尽量减少对土壤表面的扰动，翻耕土壤会造成表面土壤水分的损失，影响小麦的出苗，少耕、免耕可以克服这种弊端。

张爱胜等在河北中部的免耕研究表明，免耕播种的小麦产量达到 530kg/亩，每亩纯效益为 548 元，旋耕对照产量为 495kg/亩，每亩纯效益为 482 元，免耕播种的小麦较旋耕对照有明显的增产增收作用，而深松耕播种的小麦产量为 515kg/亩，每亩纯效益为 515 元，较对照也有明显的增产增收作用，此项研究是在连续两年免耕的基础上，第三年进行深松耕和旋耕对照试验，结果表明，连续免耕 3 年保持土体结构不变，小麦的产量仍能保持较高的水平，在两年连续免耕的基础上，改进耕作制度，选用深松的方法比旋耕的方法效果好，产量高，是提高土壤水分生产效率的重要措施之一，但该模式容易出现杂草和病虫害。因此，及时防治草害和病虫害，是该模式获得成败与否的关键措施之一。

（三）小麦化控节水技术

采用植物生长调节剂调节小麦生长发育（简称化控栽培），为小麦优质高产栽培提供了有效手段。化控调节物质是调节小麦生长，提高小麦抗性，增加小麦产量的一类化学物质，有天然材料和人工合成材料两大类，包括保水剂、种衣剂、抗蒸腾剂。

小麦化控节水技术在农业生产中得到了广泛应用。例如，FA 旱地龙、抗旱剂一号、多效增糖灵、黄腐酸盐等。

试验表明，小麦拔节期喷施 MFB 多功能抗旱剂可使小麦产量提高 6.8%~22.9%，平均增产达 13.95%，还可改善小麦籽粒营养品质，小麦粗蛋白含量、面筋含量和赖氨酸含量分别增加 0.98 个百分点、3.77 个百分点和 0.07 个百分点。小麦增产的原因是喷施 MFB 多功能抗旱剂可使小麦千粒重、穗数和穗粒数增加，并使小麦抗逆性增强。

（四）小麦优化灌水技术

小麦是生育期较长的作物之一，各生育阶段对水分的需求不同，在小麦播种至越冬阶段，由于群体小，裸地蒸发，水分损失较大，进入冬季，温度降低，植株生长量小，麦田日均耗水量明显下降，保证该时期的水分供应，对壮苗、促苗及安全越冬具有重要意义，特别是进行早春顶凌划锄，可减少水分蒸发，促进根系下扎，是提高水分利用率的有效措施。小麦拔节至抽穗期，由于植株生长量剧增，加之小麦茎蘖两极分化及幼穗进入雌雄态分化期和小花分化期，水分胁迫会显著影响穗数及穗粒数的形成，其麦田日均耗水量大增，水分亏缺会严重影响产量。在小麦抽穗期至成熟期，由于个体和群体较大，地面覆盖率高，水分无效蒸发降低，其麦田日均耗水量减少，但水分不足会影响籽粒灌浆，降低产量。

小麦产量随麦田耗水量的增加而提高，根据产量与耗水量关系计算麦田耗水量理论阈值，实现 500kg/亩以上产量时，其麦田耗水量应保证在 455mm 以上。紧邻我省的山东，小麦生育期间一般降水为 200~350mm，平均为 250mm 左右，土壤供水量为 50~175mm。因此，为达到小麦超 500kg/亩的高产、高效、优化栽培的目的，应通过适期灌水来补充。不同时期灌水增产效果不同。灌 1 次水的各处理中，以拔节水效果居首位，比非灌区增收小麦 81kg/亩，增产 19.38%；灌 2 次水时，以越冬水和拔节水效果最好，可增收小麦 110kg/亩，增产 26.29%。综上所述，为实现冬小麦节水高产、高效、优化栽培，满足各生育时期对水分的需求，提高水分生产率及作用效果，我们认为，如果整个生长季节内只能浇 1 次水，以浇拔节水为宜；若能浇 2 次水，则以浇越冬水和拔节水为最佳。

三、小麦节水模式效果及前景

"十五"期间，研究出了一套集节水保墒耕作、合理施肥、免耕少耕、秸秆还田和覆盖、利用灌区专家辅助决策配水系统灌溉和化控节水等行之有效的措施为一体的小麦节水模式与技术集成，创立了小麦保墒灌溉理论；提出并推广了大田小麦保墒畦灌模式。大量研究证明秸秆保墒灌溉可减少灌水量 31%。在杨凌示范区把保墒技术与现有的灌溉技术结合，形成并推广了小麦保墒畦灌模式。

小麦节水模式：输配水采用大掺量粉煤灰混凝土预制"U"形渠道输水，PTN 新型材料接缝，利用灌区专家辅助决策配水系统软件配水，斗渠采用装配式量水堰控水，分渠采用移动量水板堰控水；田间灌溉采用标准化保墒畦灌 + 长畦分段灌田间灌水技术，畦宽 4 ~ 5m，畦长 50 ~ 80m，对大于 80m 的畦采用分段灌溉，小麦田间覆盖玉米秸秆保墒；田间种植管理措施：统一品种、规范种植、平衡施肥、保墒耕作、化控节水等。

在干旱、半干旱区，采用免耕少耕、秸秆覆盖还田、增施有机肥，为小麦生长提供了丰富的营养元素，而且疏松了土壤，增加了土壤的孔隙度，改善了土壤结构，有利于蓄水保墒保肥和小麦根系的下扎，增强了小麦抗旱能力。土壤中秸秆的腐熟，有利于田间 CO_2 浓度的增加，这对增强小麦光合作用，促进碳水化合物的合成效果明显。越冬前秸秆覆盖抑制了土壤蒸发，提高了地温。适时、足墒、良种、精播，使田间麦苗分布均匀，单株发育健壮，建立了合理的小麦群体。有限非充分灌溉技术的应用，推迟了小麦第一水的浇水时间，既防止了土壤的板结，又减少了土壤表面的无效蒸发，大大提高了水分利用效率，具有潜在的增产潜力。因此，可根据不同条件，按照小麦不同种植区域特点，选用集水保墒耕作、合理施肥、免耕少耕、秸秆还田和覆盖、有限灌溉和喷施抗旱剂等，并将抗旱技术集成，是干旱、半干旱地区小麦获得高产栽培的重要技术手段。

第二节 玉米节水种植技术集成

一、玉米的需水规律

（一）玉米对水分的需求

玉米是世界三大谷类作物之一，也是最重要的饲料作物。作为一种 C_4 作物，玉米的水分利用效率为一般 C_3 作物的 2 倍。玉米的蒸腾系数为 250~300，低于小麦、棉花等 C_3 作物，但需水量又明显多于黍、高粱、粟等其他 C_4 植物。

玉米发芽出苗需水较少，拔节以后需水量显著增加，以抽穗期到开花期需水量最大，其中，抽雄前 10d 和后 20d 是需水临界期，缺水往往导致严重减产。灌浆期仍需较多水分，蜡熟以后需水量显著减少。河北省是玉米主产区，也属严重缺水地区，因此，研究玉米的节水模式与技术集成在生产上具有重要意义。

（二）玉米的需水量

玉米需水量指生育期间实际所消耗水量，是植株蒸腾耗水量和棵间蒸发耗水量的总和，以 mm 或 m^3/亩表示。其中，棵间蒸发虽不属玉米的生理需水，但具有一定的生态环境调节作用。玉米的需水量通常可用下式计算：

耗水量 = 播前土壤水量 + 有效降水量 + 有效灌溉量 –

收获时土壤贮水量

其中，有效降水量 = 实际降水量 – 地面径流 – 重力水下渗量

有效灌溉量 = 实际灌溉量 – 地面径流 – 重力水下渗量

由此可见，玉米的需水量不同于实际田间所耗用的水资源，在土壤结构和质地不良、地面不平和粗放灌溉条件下，通过径流或渗漏所浪费的水资源数量很大，并未被玉米所利用。特别是丘陵和漫岗平原区，土地平整度一般都不如麦田和稻田，降水与灌溉水的流失较多。

（三）影响玉米需水量的因素

1. 产量水平

玉米单产随耗水量增加呈抛物线曲线。单产较低时，随耗水量增加单产呈直线上升，耗水量继续增加单产上升速度减慢，到一定程度后耗水量再增加单产也不再提高，反而逐渐下降。各地试验结果表明，单产达到最高水平时的耗水量一般在

350~450mm。考虑到单位产量的灌溉成本（水费、电费、人工费、设备折旧费等），耗水量最经济的单产要低于最高单产。

形成单位产量所消耗水量称耗水系数，其倒数即水分利用效率。由于耗水量低到一定程度产量趋近于零，故越低产耗水系数越大，通常产量提高的同时耗水系数也随之提高。据测定，紧凑型夏玉米单产400kg/亩时的耗水系数为500，500~600kg/亩时为420~450，650~700kg/时为400左右，750~800kg/时为370左右。产量越高，水分利用效率也越高。

2. 品种特性

一般晚熟品种耗水多于中早熟品种，叶片平展型品种大于紧凑型品种，叶片宽大品种耗水更多。产量相近时，耐旱性强的品种水分利用效率高，耗水量较少。

3. 气象条件

在相同的栽培条件下，如气温高、风速大、空气干燥、日照时间长，都会加大蒸腾和蒸发量，使耗水量增加。

4. 土壤条件

土壤质地、结构和地下水位都能影响玉米耗水量。通常沙土地和黏土地耗水量多于壤土地，盐碱地耗水也较多。土壤含水量高和地下水位较高时耗水量也会增加。

5. 栽培措施

种植密度增加，耗水量因叶面积加大而增多；灌溉可促进叶面蒸腾和土壤蒸发；中耕除草可减少杂草无效耗水和土面蒸发；增施肥料特别是氮肥可促进植株生长从而增加耗水量，但增施磷肥和钙肥可增强耐旱性，提高玉米的水分利用效率。

（四） 不同发育阶段的需水特点

抽雄期到灌浆期是日耗水量最大的时期，拔节以前的苗期和灌浆期到成熟期间的耗水强度较低。随着产量水平的提高，总耗水量虽略有增加，但水分利用效率却继续提高。苗期和拔节期棵间蒸发在需水量中所占比例超过 50%，叶面积达到最大的抽穗期以蒸腾为主，棵间蒸发仅占 1/4。到灌浆期由于下部叶片开始枯黄脱落，棵间蒸发略有上升，占到 1/3 左右。但在产量水平较高时，棵间蒸发所占比例要比中低产水平时小，表明有更大比例水分用于植株生理活动。

玉米拔节以前的苗期生长中心以根系为主，对轻度缺水的反应不敏感，对水分过多却十分敏感，故苗期适当控水有利于根系生长，可提高中后期吸收水分养分的能力，有利于增产；拔节期至孕穗期以茎叶为主的营养生长迅速，缺水会影响株高和叶面积，使光合速率下降；孕穗期至抽雄期雌穗对水分反应十分敏感，干旱使雌穗发育不良粒数减少；抽雄期至吐丝期是玉米一生中对水反应最敏感的时期，称需水临界期，细胞原生质忍受和抵抗干旱的能力最弱，缺水会导致花粉败育和授粉不良，使粒数大减；灌浆期是籽粒建成和增重期，对水分敏感程度稍有下降，但仍需充足的水分才能维持叶片的正常功能，缺水会导致部分籽粒败育和粒重下降。

（五） 玉米节水栽培原理

玉米消耗的大量水分，真正形成生物学产量的只占 0.5% 上下，绝大部分以蒸腾、蒸发、渗漏与流失等方式散失，其中，相当部分是有可能避免或减少的。

通过平整土地、改良土壤、改进灌溉方式，有可能控制绝大部分降水和灌溉水的径流和渗漏损失；通过合理密植、培育壮苗、中耕、施用保水剂、采用地膜或秸秆覆盖等，可降低棵间蒸发耗水的比例；通过消除杂草与无效弱株、选用耐旱品种、进行抗旱锻炼及施用抗旱剂等生理调节剂，可以减少植株过度的蒸腾消耗；通过在苗期的蹲苗，利用经受轻度胁迫复水后的补偿机制，确保临界期供水，在需水较少的生育阶段承受轻度干旱，都可以争取在供水适当减少的情况下，少减或不减，甚至略有增产。

采用综合配套技术努力提高单产，尽管单位面积总耗水量略有增加，但单位水量的产出率显著提高，在保证总产满足需求的前提下，可将腾出部分玉米田改种其他无需灌溉的旱作物，从种植业总体上仍能起到节水的效果。

二、玉米节水模式与技术集成

（一）节水灌溉制度

1. 灌溉定额的计算

玉米生产应根据需水量、当年有效降雨量和地下水可利用量等确定全生育期内的总灌溉量，再根据玉米的需水规律、不同生育阶段的土壤适宜水分指标和有效降雨量进行灌溉时期和定额的分配。具体计算可按下式：

$$M = E - P_o - W_o - W + K$$

其中，M 为灌溉总定额；E 为全生育期需水量；P_o 为全生育期有效降水量；W_0 为播前土壤贮水量，土层深度通常拔节前取 40cm，拔节期至孕穗期取 60cm，抽雄开花期取 80cm，灌浆期取 60cm；W 为生育期末土壤贮水量，K 为全生育期地下水利用量，除地下水位较高地区外一般可忽略不计；单位均为 $m^3/$亩。

2. 经济灌溉定额的确定

为寻求经济灌水定额，需通过灌溉试验结果建立灌水生产函数。根据张廷珠等研究，在耗水 173～328$m^3/$亩和灌水定额 42～128$m^3/$亩范围内，当耗水量达 289$m^3/$亩时边际产量 $M=$ 0kg/时，此时，可获得最高的单产 535kg/亩，但并非最佳经济效益。该试验中以灌水量 42$m^3/$亩和总耗水量 261$m^3/$亩可获得最高的纯收益 112 元/亩，超过此灌水量和总耗水量，经济效益反而下降。

3. 玉米节水高产灌溉制度

根据地区气候、土壤条件与玉米熟期确定不同年型的灌溉制度，可以减少盲目灌溉造成的水资源浪费。吴普特等收集了我国玉米主产区的一些节水高产灌溉制度的资料，研究表明，我国北方无论春玉米还是夏玉米的节水灌溉制度都要按照水文年型确定，降水多的丰水年可以不灌溉或少灌溉，降水少的干旱年则首先保证关键需水期的灌溉，通常是抽雄期到灌浆期，春玉米还常常需要在拔节期多浇一水，苗期除特别干旱的地区和年份外，一般不浇水。

由于河北省春季十年九旱，春旱常常严重威胁播种和出苗。虽然玉米发芽需水量并不大，但有时为确保出苗不得不浇底墒水，但真正被种子发芽出苗所利用的水量微不足道，造成水量的很大浪费，而且使土壤表面板结，不利于苗期生长。传统的人工坐水种需动用大量的人、畜力运水逐穴浇水抗旱点播，效率极低，往往只来得及完成少数地块的抗旱播种，大面积仍难免受旱减产甚至绝收。推广行走式施水播种机可极大提高作业效率，当土壤含水率不低于 10% 时，只需补水 $1m^3$/亩即可保证出苗，用水量只有地面灌溉的 3% 左右，增产 10% 以上，大旱年甚至可变绝收为丰产。目前，研制出的覆膜穴播穴灌播种机已在西北大面积推广。

河北省夏玉米产区在初夏和初秋常常出现干旱，影响套种玉米的生长和灌浆。为兼顾小麦、玉米两茬的需水和高产，可采取在麦收前 15~20d 浇麦黄水，同时，兼作套种玉米底墒水或保苗水；在玉米成熟前 20 多天浇灌浆水，同时，兼作小麦播前的底墒水，做到一水两用。

（二）节水灌溉技术

常用的节水灌溉技术有小畦灌溉、波涌灌溉、调亏灌溉、沟灌、交替灌溉、管灌、喷灌、滴灌、膜上灌等。

对于玉米而言，由于行距较宽，对于节水灌溉方式的选择余地比较大。但玉米生育期处于高温季节，蒸发蒸腾速率大，天气又多变，与越冬作物相比，需要更加注意看天、看地、看苗灌溉，时机稍有错过就达不到节水的效果。

1. 畦灌

玉米灌溉的畦长一般不宜超过 50m，要求尽可能平整，可比长畦节水 30% 以上。水流到畦长 80%~90% 时即可停水改畦，令畦内水流按其惯性流到畦头。

2. 隔沟交替灌

玉米在拔节以后结合中耕培土形成沟垄，为了达到节水目的可只在沟内灌溉。要求沟深 20cm 左右，灌溉水深应达到沟深的 2/3，可比畦面灌溉节水 30% 以上。采取交替隔沟灌溉，每沟灌水量要比逐沟灌增加 30%～50%，但全田灌溉量可减少 25%～30%。既可使每株玉米都得到水分补充，又减少了土面湿润面积，减少蒸发损失和节省了用水量。

3. 管灌

20 世纪 80 年代以来，河北省平原区普遍推广了塑料管或尼龙管的管灌，比渠灌节省占地 15% 以上，避免了渠系渗漏损失，水的利用率可提高到 95% 以上，比渠灌至少提高 25 个百分点。灌管便于移动，水量也容易控制，成本也较低。

4. 喷灌

具有天然降雨的效果，土地不平的地块也可以使用，地表不易板结，可改善田间小气候，可比渠灌节水 20%～30%，一般可增产 20% 以上。但移动旋转式喷灌存在死角和重叠，水分分布不均匀。在严重干旱时，喷灌渗入深层土壤的水量不足，而美国平行自走式喷灌机的成本过高，目前，不适于在我国大部分地区推广。

5. 滴灌

河南省偃师县的试验表明，玉米生育期间滴灌 2 次，每次 $20～25m^3$/亩，比喷灌节水 40%，节能 60% 以上，增产 30～67kg/亩。但铺设滴管较费工，成本也较高。

6. 膜上灌

在地膜栽培基础上，把过去的在膜旁侧灌改为膜上灌，水沿放苗孔和膜旁侧渗入土壤，可比常规畦面灌溉的水分分布更均匀。膜上灌投资少，节水效果显著。

（三）提高作物水分利用效率的农艺技术

优化灌溉制度与采用节水灌溉方式，主要是提高了水的利用效率，减少径流、渗漏和土面蒸发等水分损失。但提高单位水量的产出率即水分利用效率，还必须依靠节水农艺技术的有机集成。

1. 选用耐旱丰产玉米品种

玉米品种间的水分利用效率差别很大，总的看，杂交种要高于农家种，紧凑型品种高于平展型品种。

通常耐旱品种具有根系发达，入土深，吸水能力强，根冠比大，叶片较厚，狭长，叶细胞小，原生质黏度大，叶脉密，茸毛多，角质层厚，气孔调节能力强，干旱时仍能保持较强光合能力等特点。但有些高耐旱品种的产量水平不高，需要通过育种引进高产基因。

2. 耐旱锻炼

播前用占风干种子重 40% 的水量分 3 次拌入，每次吸水后经一定时间的吸收，再风干到原重。如此反复 3 次后播种。经耐旱处理后细胞原生质黏性提高，酶的活性增强，可增产 10% ~ 30%。

蹲苗是我国农民在玉米生产中经常采用的传统栽培技术。在拔节以前的苗期使之经受适度缺水的锻炼，可促使根系发达下扎，根冠比加大，茎矮壮粗，有利后期防止倒伏。还可控制叶片徒长，使叶绿素含量增加，有利中后期吸收更多水分养分和进行旺盛的光合作用。玉米复水后生长加速，补偿效应明显。

蹲苗要掌握分寸，通常土壤含水量占田间持水量的50%是其下限，低于50%应停止蹲苗。拔节后期对水分调亏的补偿效应有所下降，蹲苗虽可节水，但土壤水分含量不应低于田间持水量的60%。采取轻度调亏可收到节水而不减产的效果，在水资源紧缺情况下，也可以采取中度调亏，可避免明显的减产。

3. 合理群体

合理密植和确保株间均匀生长是提高水分利用效率的重要措施。群体过大时虽然棵间蒸发减少，但植株蒸腾量加大，叶片严重郁闭，光合效率降低，空秆率上升，导致减产，使水分利用效率降低。群体过小，叶片不能充分覆盖地面，造成光能的浪费和棵间蒸发量加大，也会导致减产和水分利用效率降低。通常早熟和紧凑型品种可以采用较高的密度，晚熟和平展叶型品种的密度不宜过大。

4. 水肥耦合，以肥调水

氮肥过多可造成叶片徒长，蒸腾耗水量大，且细胞透性增大不耐旱；氮肥过少则植株光合作用不足，根系弱小，叶面积小，耐旱能力也不高。磷肥和钾肥能提高胶体的水合度，提高细胞持水力和耐旱力，促进蛋白质的合成；增施有机肥可改善土壤结构和物理性状，提高土壤蓄水保水和供水能力，促进根系发育和深扎，能显著提高玉米的耐旱能力。旱地施肥量要根据土壤水分含量确定，土壤干旱时底肥施多了易烧苗。如采取带水播种把适量化肥溶解其中，可减轻烧苗和增加肥量。追肥要利用降雨前后的有利时机。20 世纪 90 年代以来各地推广长效碳铵和涂层尿素等缓释化肥可以明显减轻烧苗问题，使肥效高峰与雨热高峰及作物生长需肥高峰相一致，可大幅度提高水分利用效率与养分利用效率。

5. 覆盖栽培

主要包括地膜覆盖和秸秆覆盖。

地膜覆盖有效抑制了土面蒸发，同时，具有明显的提墒作用。地膜还有效抑制了杂草生长及其对水分的浪费。据山西晋中农业技术推广站的多年观察，在自然降水 400～500mm 条件下，玉米地膜覆盖全生育期 0～30cm 土壤含水量比露地栽培增加 1.35 个百分点。但地膜覆盖玉米在早播条件下易发育加快，如雨季前过早抽雄将面临严重的卡脖旱，需通过调整播期或品种类型，使需水临界期与雨季高峰相遇。

秸秆覆盖同样可减少土面蒸发，抑制杂草，减少地面径流损失，有利雨后蓄墒和保墒。但秸秆覆盖后土壤温度的变幅缩小，提墒效应不及地膜。衡水故城土肥站进行每亩覆盖400kg、300kg、150kg、0kg 秸秆的不同处理，在玉米拔节后测定 0～20cm 土层含水量分别为 20.1%、19.2%、12.8% 和 11.6%。

在小麦、玉米两熟地区，通常采取小麦成熟机收秸秆粉碎覆盖玉米，玉米成熟收获机收秸秆粉碎覆盖小麦。如小麦高产秸秆量很大又粉碎得不够细，玉米出苗后因遮阴严重生长不良，植株细弱，对水分的利用效率也不高，这是需要注意的。

6. 抗旱化学制剂

土壤保水剂是一种高吸水性树脂，能吸收和保持相当于自身重量 400～1 000 倍的水分，最高可达 5 000 倍。赵广才等的盆栽试验表明，土壤干旱时施用保水剂后，出苗率和幼苗生长状况显著改善。抗旱剂是一种调节生长的抗蒸腾抑制剂，主要成分是黄腐酸，作用是减少气孔的开度，减缓蒸腾，喷洒 1 次可维持气孔导度降低持续 1 天之久，从而改善了植株水分状况。抗旱剂还可增加叶绿素含量，增强根系活力。据中国农业科学院农业气象研究所的试验，玉米孕穗期在叶片上喷洒抗旱剂 750g 对水 150kg，可使叶片变浓绿，粒重增加，单产增加 7.1% ~ 14.8%。

（四）玉米节水的技术集成模式

关于玉米节水的技术集成，可以按照春玉米、夏玉米与灌溉玉米、集雨补灌玉米、旱作玉米等不同类型，针对生产上的主要矛盾和关键技术总结提炼。

1. 春玉米

北方春玉米的节水灌溉主要是针对春旱影响播种和抽雄前的卡脖旱问题，节水的主要技术环节，可归纳如表 4 - 1。

表 4 - 1　春玉米节水的主要技术环节

针对春旱	抗旱播种（抢墒、提墒、找墒、补墒），注水穴播、保水剂覆盖栽培（地膜或秸秆粉碎覆盖）
针对初夏卡脖旱	调节播期与品种类型使需水临界期与雨季高峰相遇蹲苗促根，抗旱剂，需水临界期节水灌溉
针对秋旱	隔行去雄打老叶，浅锄保墒，适量补灌

2. 夏玉米

北方夏玉米在多数年份不出现明显干旱，但有些年份初夏旱影响播种，夏旱影响抽雄，秋旱影响灌浆。节水的主要技术环节，如表 4 - 2。

表4-2 夏玉米节水的主要技术环节

播种出苗	麦黄水兼作播前底墒水，抢墒播种
苗期	尽量早播使苗期处于雨季前相对少雨期，适当蹲苗促根
夏旱	严重干旱时适量补灌保证临界期需水
秋旱	隔行去雄打老叶，浅锄保墒，适量补灌

3. 集雨补灌玉米

以田间集雨保墒为主，同时，通过集蓄雨水在需水关键期适量补灌（表4-3）。

表4-3 集雨补灌玉米

集雨工程	因地制宜建设集雨面和集雨工程，雨季充分集蓄田面就地集雨（梯田与水平沟、沟植垄盖、秋耕蓄雨）
苗期	覆盖栽培，中耕蹲苗促根下扎
生长盛期	遇卡脖旱滴灌补墒

4. 旱作玉米

主要着眼于提高土壤蓄墒保墒能力与植株耐旱能力（表4-4）。

表4-4 旱作玉米节水的主要技术环节

播种出苗	等高耕种，伏秋耕蓄雨，晚秋耙平保墒，施磷肥、有机肥
抗旱播种（抢墒、提墒、找墒、补墒）	注水穴播、保水剂
苗期	沟植垄盖渗水地膜，中耕蹲苗
生长盛期	控制水土流失，雨后趁墒追肥，除去弱株病株，隔行去雄
秋季	浅锄保墒

三、应用效果及前景

（一）玉米节水技术推广效果

各地广泛推广玉米节水栽培技术，已取得显著经济效益和节水生态效益。

1. 集雨补灌

20 世纪 90 年代中期以来以坐水种为特色的播种机械研究取得很大进展，微小型行走机具在西北半干旱地区大面积推广，通过穴播穴灌有效解决了春旱条件下的玉米春播出苗问题。黄土高原地区从 20 世纪 50 年代就开始利用窖水点种玉米。1988 年以来，甘肃省在中东部大面积示范，1995 年开始实行 121 "雨水集流过程工程"。全国到 21 世纪初已建成小微型工程 1 200 万处，蓄水 160 亿 m^3，为近 366.7 万 hm^2 补充灌溉，其中，面积最大的是玉米。

2. 其他节水新技术

康绍忠等创造性提出的控制性作物根系分区交替灌溉技术体系为节水农业技术开辟了一个新的方向。试验表明，垂向根系分区交替滴灌玉米水分利用效率比常规地下灌溉和地表灌溉分别提高 11.87% 和 19.02%。在甘肃民勤绿洲年降水 110mm 的地区推广，灌溉定额 140m^3/亩，水分生产率达到 2.93 kg/m^3，为畦灌的 1.7 倍和沟灌的 1.3 倍，单产 850～900kg/亩，节水 40%。

（二）玉米节水技术与集成模式的发展前景

我国玉米节水灌溉与农艺技术虽然取得很大进展，但各地发展还很不平衡，一方面，随着北方气候的暖干化和水资源的日益紧缺，干旱威胁不断加重；另一方面在农业生产上浪费水和水分利用效率不高的现象仍相当普遍。为推进玉米节水的科技进步，一方面要继续建立创新研究体系，在抗旱生理与节水技术途径的理论与新技术方面，力争取得较大的突破；另一方面要构筑玉米节水技术的区域性集成体系与模式，并在生产上大面积示范推广。未来 10～20 年应在以下重点技术领域取得明显的突破。

1. 土壤、作物自动监测系统，灌溉与应变栽培决策系统

应在各主要灌区建立土壤水分与玉米生长状况的自动监测系统，并结合天气预报、水资源状况与市场需求、社会经济情况等建立节水灌溉与玉米应变节水栽培的决策支持系统。

2. 完善根系分区隔行交替灌溉技术

该项技术已在理论上取得突破并试验示范成功，还需要在不同作物和不同土壤条件下进一步试验示范，逐步形成完整的技术体系，在不同地区大面积推广。

3. 低成本、防老化、防堵塞滴灌设施

滴灌技术虽已在玉米生产上推广，但我国北方灌溉用水硬度较大，滴灌管孔易堵塞，北方温度与湿度的季节差别大也容易促使塑料管老化。未来应重点研制低成本、防老化、防堵塞的滴灌设施，并解决机铺机收技术，提高劳动生产率。

4. 抗旱高光效育种

玉米虽然具有比 C_3 作物高的光合效率和水分利用效率，

但其耐旱性仍低于高粱、甘蔗、谷子等其他 C_4 作物。应运用现代生物技术培育抗旱和高光效、高水分利用效率的玉米品种，以适应气候干暖化的趋势。

5. 高效秸秆粉碎机

秸秆覆盖进一步推广的困难在于平原高产地区的秸秆数量太大，目前，秸秆与其说是粉碎还不如说是切碎，导致覆盖层过后不利于玉米出苗和苗期生长，黏虫为害也十分严重。应研制真正能把麦秸粉碎和将麦秸部分收集打捆的机具。

6. 高效保水剂

保水剂的强吸水性固然有利于聚墒，但不利于拌种后的机播，需研制能在开始的一天内吸湿不明显，入土后才强烈吸湿的粉剂，可专用于拌种。

7. 高效、低成本集雨面材料

目前，高性能集雨面材料主要用于屋面和庭院，以解决人、畜饮水为主。如要广泛应用于生产，还得利用农田附近坡面修建集雨工程，这就需要研制低成本、高性能的集雨面材料和低成本的工程技术。

第三节　棉花节水种植技术集成

一、棉花的需水规律

水分是棉花生长发育所必需的主要物质，又是棉株体内含量最多的组成成分。棉花不同生育期对水分的需求量是不同的，掌握棉花各生育期的需水量及其规律，是进行合理灌溉、调节土壤水分的主要依据。

（一）需水量

需水量也称日间耗水量，是指棉花从播种到收获，全生育期内本身所利用的水分及通过叶面蒸腾和地面蒸发所消耗水量的总和。据研究，一般亩产50kg皮棉的棉田总耗水量为300～400m³，亩产100kg皮棉则总耗水量为450m³左右。棉花不同生育期需水量与其本身的生长发育速度相一致。苗期株小生长慢，湿度低，耗水量较少；随棉株生长速度加快而耗水量也不断增加，到花铃期生长旺盛，温度高，耗水量最多；吐絮后，棉株生长衰退，温度较低，耗水量又减少。一般苗期耗水占总耗水量的9.3%，蕾期占11.4%，花铃期占56.4%，吐絮期占22.9%。棉田的水分消耗，在苗期有80%～90%是从地面蒸发的，而棉株蒸腾耗水仅占10%～20%；蕾期地面蒸发和棉株蒸腾耗水分别占25%～30%和70%～75%；吐絮后，地面蒸发和棉株蒸腾耗水又基本趋于相等。

（二）对土壤水分的要求

棉花不同生育期对土壤适宜含水量的要求不同。发芽出苗期，土壤水分以田间持水量的70%左右为宜，过少种子易落干，影响发芽出苗，过多易造成烂种，影响全苗；苗期土壤水分以田间持水量的55%～60%为宜，过少影响棉苗早发，过多棉苗扎根浅，苗期病害重；蕾期土壤水分以田间持水量的60%～70%为宜，过少抑制发育，延迟现蕾、落蕾，过多会引起棉株徒长；花铃期是棉花需水最多的时期，土壤水分以田间持水量的 70%~80% 为宜，过少会引起早衰，过多棉株徒长，增加蕾铃脱落；吐絮以后，土壤水分以田间持水量的 55%~70% 为宜，利于秋桃发育，增加铃重，促进早熟和防止烂铃。

（三）灌溉制度

棉花灌溉制度应根据棉花需水规律而定，一般确定是否应该灌溉的依据如下。

1. 依据长势长相

根据棉花生长发育需水规律和棉株长势长相进行灌溉，即"看苗"灌溉。初花期是棉株生长势强、生长量迅速增大的时期，此时应依长势及时供水。此时，期棉株缺水的特征为；叶色暗绿，茎顶下陷，叶片不随太阳转动，向阳性弱，顶部倒 3~4 叶高度低于倒 1~2 叶；蕾期红茎上升快，仅余 1~2 节绿茎，上部 3~4 叶中午萎蔫，傍晚仍不能恢复正常，果枝出现少，开花部位明显上移，开花时，开花果枝以上叶片少于 5 片，顶芯表现"蕾挤叶"。

2. 依据土壤水分

土壤水分是确定灌水时间的重要依据。有条件的应结合棉花生育进程进行土壤水分测定。若土壤含水量低于田间持水量的 60% 时（即黏土含水量 15%~17%，壤土含水量 13%~14%，沙壤土含水量 11%~12%）应进行灌水。

二、棉花的节水模式与技术集成

棉花节水灌溉是根据作物需水规律及当地供水条件，为了有效地利用降水和灌溉水，获取棉花的最佳经济效益、社会效益和生态效益而采取的多种措施的总称。它包括棉花改进地面灌溉、喷灌、滴灌等技术模式。

（一）改进地面灌溉技术

地面灌溉是目前棉花灌溉的主要形式。主要分为以下几种形式。

1. 细流沟灌技术

细流沟灌技术基于棉花沟植垄作条件下，是在以往畦作平植漫灌情况下发展的一种改进地面灌溉节水形式。

（1）细流沟灌的优越性

省水，比一般畦灌可节水 20% 以上；省工，每年亩灌水用工比畦灌节省 22 个工左右；通气，棉花根际不直接被水淹、不会影响根系呼吸；提温，据测定细流沟灌比淹灌地表温度高 2℃左右；土地利用率高，畦灌打埂筑坝占地 10%～12%，沟植细流灌仅占地 3%～4%，可提高土地利用率 7% 以上；特别是单产要比水大漫灌高 10% 左右。

（2）田间灌溉渠的布置

开好田间输水渠和毛渠，水通过输水渠进入毛渠，再由毛渠均匀分配到每个灌水沟内。灌水沟流量设计不大于 0.35L/s，如地面坡度不超过 1/100，流量可适当加大。毛渠间距根据地形而定，地面坡降大，地形复杂的田块，间距要窄，为 30～50m。

（3）灌水沟规格

灌水沟顺地面坡度开沟，沟长 30～50m，沟深 10～13cm，沟深主要决定于土层厚度和土壤质地。一般重质土，土层较厚，可适当加深。沟长由坡度和质地来共同确定。

（4）灌水技术

棉花生育期间灌水量必须依据当地的降水量、地面蒸发量和棉花目标产量而定，一般范围在 $350 \sim 450m^3$，分 $3 \sim 5$ 次灌溉。灌溉方式以田块内沿长度方向上、中、下同时灌为宜，并由下而上、由远及近为好，注意灌水的适时适量。棉花的头水非常关键，时期一般以见花为宜，并控制好人沟的流量。头水 $0.1 \sim 0.15L/s$，二水 $0.15 \sim 0.2L/s$，三水 $0.2 \sim 0.35L/s$，最大不超过 $0.5L/s$，以免发生冲刷现象。

2. 膜上灌溉技术

棉花膜上灌溉技术是在地膜栽培条件下，使灌溉水从膜上流过，通过苗孔给作物供水的一种灌溉技术。具有显著的省水、增产效果。经新疆农垦科学院等单位多年试验研究，棉花膜上灌溉比细流沟灌平均亩节水 $100m^3$ 左右，节水率 $20\% \sim 30\%$，水的生产率提高 78.7%；平均亩增产皮棉 $10.1kg$，平均增产率 11.2%。其主要技术要求：

（1）整地播种

采用膜上灌溉技术，首先要求地块相对比较平整，整地达到碎、松、净。施肥采用播前一次性深施为宜。有条件的尽量做到铺膜、扶埂、施肥、播种一次完成。确保扶埂质量是实行膜上灌的关键，要求埂高 $15 \sim 18cm$；播种深度为 $1.5 \sim 4cm$；铺膜平展，压膜平实；膜埂的设计根据土地平整情况有 4 种形式，即一膜（膜幅宽 1.4m）一埂、二膜一埂、三膜一埂等。畦长一般为 50m 左右为宜。

（2）灌水技术

为确保灌水质量，毛渠应实行轮灌，轮灌顺序：先下游后上游，特别是地面坡度大、土壤透水性差的地区，采用顺序灌溉有利上水下用。灌水量及流量根据当地土壤质地、田间持水量来定，一般畦长 60m 的灌水流量为 1.5～2L/s 为宜，每次灌量约 50～60m³/亩；灌水周期 15～20d，每年灌水 4 次。

3. 膜下软管灌溉技术

膜下自压软管微灌技术，是新疆兵团职工在生产实践中探索创造出的一种低成本、易操作的灌溉方法，每亩投资 60～90 元。据近年研究，节水在 40% 左右（与常规灌溉比）。其技术特点是利用灌溉渠道与田块的水位差和地面的自然坡降实施自流灌溉的一种形式。主要技术要求如下。

（1）管网布置

管网系统由干、支、毛 3 级管道组成，并在干、支、毛管连接处设有四通管件。系统控制面积视当地条件而定，一般是一块地一套装置。要求田块纵向坡降在 0.3‰～0.5‰，横向坡降小于 0.2‰。

①干管：沿田块中心纵向布置，是中心输水管道，贯穿整个条田，干管的首端与斗渠相接，装有过滤网、施肥容器和量水设备，尾部通往条田最后一个灌水地段。干管直径 36cm，壁厚 0.22mm。材质为高压聚乙烯。

②支管：沿田块横向布置，与干管垂直相接，由干管向两侧分水，经过支管输入毛管。支管直径为 20cm，首端与干管相接，间距因地形变化按 60～80m 不等排列。材质为 PVC。

③毛管：亦称微管带，在膜下沿纵向布置，管长 30～

40mm，直径 5cm。毛管每 15cm 有对应两出水孔，孔径 1~1.2mm，有一管四行（棉花）和一管两行两种布置形式。

（2）灌水技术

水向由垄渠到干管至支管而后由毛管微孔流入地表。干管水头压力约为 30~40m，支管水头压力 20m 以上；流量控制按灌溉制度，一般一田块干管配水 30L/s 左右，可供分配到 3 条支管，即每条支管流量为 10L/s，同时，开 6 条毛管，每条毛管流量约 1.6L/s。棉花全生育期一般需灌水 6~7 次，10~15d 灌 1 次，每次亩灌水量约 40m³。

4. 闸管灌溉技术

闸管灌溉技术是改进地面灌溉的一种方式。它是利用一种柔性软管替代毛渠，在软管上设有数个装有闸阀的闸口，水通过闸口流入棉田灌水沟行。经多年试验推广表明，与漫灌相比，它具有投资少、见效快、施工方便、使用简单、节水省地等特点。一般亩投资 10 元以下，田间灌溉水利用率达 70%~80%。

（1）设计要求

闸管灌要求具有一定压力水头。在地面高差 5~6cm，纵坡小于 0.6% 的条件下，闸管配置长度 100~120m，灌水沟长 100m 为宜。闸阀配置间距根据沟距确定。闸阀规格有 2″ 和 3″ 两种，其中，3″ 闸阀适应于纵坡较小的田块。

（2）灌水技术

单沟灌水流量一般为 2~3L/s，棉花全生育期灌水 3~4 次，每次 50~60m³，头水见花灌水，末水为吐絮期。操作要点是分组进行，先远后近，换组时先开后关，注意防止沟间串水，灌水完毕应先关闭系统进水口节制闸门，并避免压力大而软管爆破。

（二）喷灌技术

喷灌是喷洒灌溉的简称，它是利用专门的设备（动力机、水泵、管道等）把水加压，或利用水的自然落差将有压水送到灌溉地段，通过喷洒器（喷头）喷射到空中散成细小的水滴，均匀地散布在田间的一种灌溉技术。

喷灌按系统设置分为固定式、半固定式和移动式3种；按获得压力的方式分为机压喷灌和自压喷灌。综合考虑以上几种形式的一次性投资、运行费用以及近年在棉花生产中的应用情况，在今后相当长的一段时期内，使用自压半固定式喷灌较合适。

1. 自压半固定式喷灌系统特点

自压喷灌是利用水源位差形成的压力水头而实现喷洒灌溉。这种形式无需消耗二次能源，运行费用低，特定条件是要求灌区上部较高位置有库塘、渠道、山泉等水源。自压喷灌有完全自压喷灌、自压加机压喷灌（自然压力不足情况下需补充压力）、提蓄喷灌等。自压半固定式系统的干管是固定的，支管和喷头是移动的。其特点是既提高了设备利用率，降低了系统投资，又比移动式喷灌操作运用简单、劳动强度低、生产率高。

2. 自压半固定式喷灌系统设置

自压喷灌系统设计的关键在于保证干管上、中、下游的水压分布均匀。往往在上、中游某段测得的各项指标符合要求，但运行起来下游因水压力过大而造成喷头摇臂、弹簧损坏的现象。设置时必须认真解决，合理地进行规划设计与布置，应依据地形特点，主要考虑3个问题：一是压力分布问题；二是流量分配问题；三是应根据地块大小、相邻地块的高差如何进行支管布置的问题。压力问题实际上是一个流量分配问题，流量分配合理了，自然压力也均匀了。可以通过改变管径或增加减压阀来解决。

管道系统是喷灌的主要设施，其作用是把经过自压的灌溉水输送到田间。一般分成干管和支管两级。干管可地埋也可在灌溉季节固定在地表，常用的地埋管道有石棉水泥管、塑料管、钢筋混凝土管，地面固定管道可用塑料管和薄壁铝合金管。干管的布置主要考虑地块的坡度、走向及地块宽度等因素。输、配水管道应垂直等高线布置。支管要方便在地面上移动，常用铝合金管、镀锌钢管和塑料管。为了避免作物的茎叶阻挡喷头喷出的水舌，常在支管上装竖管、四通、闸阀、接头和堵头等，如需利用喷灌系统进行施肥，还要配备肥料罐。喷头是喷灌的专用设备，也是喷灌系统最重要的部件。喷头的种类很多，按其工作压力及控制范围大小可分为低压喷头和高压喷头；按喷头的结构形式与水流形式可分为固定式、孔管式和旋转式。目前，使用得最多的是中压旋转式喷头，其中，又以全圆转动和扇形转动的摇臂式喷头为普遍。

3. 灌溉技术

（1）灌水定额

年度灌溉之前，应根据棉花全生育期的需水量以及水分利用率确定全年灌溉定额，一般在 $320 \sim 380 m^3/$亩。

（2）喷灌周期

喷灌周期即两次灌水的间隔时间，用下式计算：

$$T = m * n / e$$

式中：T 为灌溉周期（天）；e 为作物平均耗水量（mm/天）；m 为灌溉定额；n 为喷洒水的有效利用系数，一般取 0.7~0.9。研究表明，棉花主要生育期灌水的土壤含水率指标下限分别为：头水 55%，现蕾、开花期为 65%。

（3）喷灌过程中应注意的问题

①应随时观察喷头工作情况和地面湿润情况。一是防止喷头堵塞或破坏；二是防止地面积水和产生径流。

②如因某种原因或受风影响，致使喷水搭接不上，喷灌均匀度不理想或出现漏喷时，应采取措施提高喷灌均匀度，如调整方向、缩短喷水距离等。当风力过大，超过设计风速时，应停止喷灌作业。

③对于实行间作套种或立体种植的田块，喷灌应尽量满足不同作物对水分的要求，最好是找一种与棉花需水规律相近的作物进行套种、间作。如玉米、高粱、大豆等。

（三）膜下滴灌技术

1. 膜下滴灌技术的特点

滴灌是一种先进的控制灌溉技术，它是将压力水经过滤送入输水毛管，经滴头减压，水体以无压水滴状滴入作物根部土体，使作物根系区土壤保持最优含水状态。滴灌与地面灌、喷灌大不相同，它是一种局部灌溉，既没有空中洒落过程，不湿润作物叶面，也没有湿润面以外的土壤表面蒸发，因而损耗于蒸发的水量最少；同时，滴灌水量是根据蒸腾量计算出来的，不会形成地面径流和深层渗漏，水的无效损失最少。滴灌不受地形影响，灌水、施肥均匀，作物生长均匀整齐。滴灌能保持土壤疏松状态，土壤通气性好，不需中耕松土；滴灌只湿润土壤，不在土上流动，病虫害传染机会减少；此外，因滴灌的水是经过滤的，水中一些杂质包括杂草种不易带入田块内，再加上非湿润土壤保持干燥，可抑制杂草生长蔓延危害作物。

2. 棉花膜下滴灌系统设置

（1）系统的组成

膜下滴灌系统一般由水源工程、首部枢纽、输配水管网、滴头及控制、量测和保护装置等组成。

（2）田间装置流程

水泵→水泵加压→计量（压力表）→施肥容器→过滤器→主干管→分干管→地面支管→地面附管→毛管（滴灌带）→滴头→土壤。

（3）干、支、毛管设置

干管与毛管沿垂直方向铺设，干、支管的长度必须根据本系统控制的滴灌面积、水压以及单次最少的施肥量（采用灌溉施肥方式）为标准，以防止干、支管过长，水压差值大造成灌溉和施肥不均匀等现象。根据新疆近年大面积实践表明：一般干管长度设 1 000m 左右，支管长度 90～120cm，支管与支管间距 130～150m 为宜。每条支管安装 5～6 条附管，每条附管接毛管的数量需根据土壤质地而定：一般沙质土可接毛管 14 条，黏质土可接毛管 24 条，毛管长度 65～75m。毛管随播种机一次性作业铺设于膜下。毛管的间距根据棉花播种行距设定。毛管配置模式主要有两种，即"一管两行"和"一管四行"方式。"一管两行"型采取 30 + 60cm 行距配置，毛管置于 30cm 窄行之间，毛管滴水浸润范围包括 2 行棉花。"一管四行"方式采取 25 + 30 + 25 + 60cm 或 20 + 40 + 20 + 60cm 行距配置，毛管置于 30cm 或 40cm 宽行之间，毛管滴水浸润范围包括 4 行棉花。

（4）滴头的选择与毛管上滴头间距的设定

滴头的种类很多，有发丝滴头、管式滴头、孔口滴头、内镶式和迷宫式滴头等。目前，使用较普遍的是内镶式与迷宫式，这类滴头特点是耐用，流量稳定，不易堵塞。从实践出发，选择滴头特别应注意滴头流量。滴头的配置及毛管上的滴头间距也同样取决于土壤类型。实践表明：重壤土和中壤土，"一管两行"模式滴头流量为 1.6 ~ 1.8L/h，"一管四行"为 3L/h，过大易造成地面径流。滴头间距：重壤土为 60cm，中壤土为 40 ~ 50cm。沙质土湿润宽度很小，故滴头间距要小，以小于 30cm 为宜，滴头流量适度大于重、中壤土。

（5）过滤与施肥装置

过滤器是滴灌系统中的关键设备之一。其作用是将灌溉水中的固体颗粒、有机物质及化学沉淀物等各种污物和杂质清除掉，以防止滴头堵塞而影响滴水施肥效果。常用的过滤器有筛网过滤器、沙砾石过滤器、离心式过滤器等。如用井水灌溉，可选用筛网过滤器；如用河水、库水、渠水灌溉，一般选用沙砾石过滤器。在施肥装置之后还应设二级过滤器，以避免灌溉水中因加入肥料形成沉淀堵塞滴头。

施肥装置，即向滴灌系统注入肥料溶液的装置。常用的有水利电力驱动的注入泵、压差式施肥罐等。施肥装置的选择要从设备的耐腐性、注入肥料的准确度、注入肥料速率等方面来把握，它关系到施肥量的准确度和设备运行成本的高低。安装时，应注意将施肥罐（压差式）与滴灌并联连接，使进水管口与出水管口之间产生压差，使部分灌溉水从进水管进入肥料罐，从而使肥料水溶液从出水管注入灌溉水中。使用时必须保证肥水不向主管网回流。

3. 膜下滴灌的灌溉制度与应用

（1）棉花田间耗水率

棉花田间耗水率是确定棉花灌溉制度的主要依据。棉花生育期耗水量不仅与棉花品种、种植密度等有关，还与当地气候条件和土壤水分状况有关，应按设计水文年份确定棉花田间耗水率。有条件的地方可根据田间试验结果确定。据新疆棉花滴灌区近年测试结果，棉花生育期间降水量在 200mm 左右时，棉花膜下滴灌全生育期耗水量在 450mm 左右，平均耗水率 3.5mm/d 左右。

（2）滴灌制度参数

棉花膜下滴灌技术是近年试验推广的一项高效节水灌溉技术，因应用时期短，尚未形成非常成熟的灌溉制度。各地在应用时应根据水量平衡原理，并根据当地实际，制定滴灌制度。就干旱内陆河灌区而言，可参照新疆兵团模式。下面提供新疆兵团棉花膜下滴灌有关灌溉制度的参数，供参考。

①湿润土层深度控制值。

由于采用地膜覆盖和局部灌溉，棉花根系分布较浅。其吸水深度一般在 0.2～0.6m 以内。各生育阶段适宜的计划湿润土层深度分别为：苗期 0.2～0.3m，蕾期 0.4m；开花结铃期 0.5～0.6m，吐絮期为 0.4m，这样既能满足根系吸水范围，又能控制水的损失。

②生育期灌溉定额和周期。

棉花膜下滴灌适宜的灌溉定额，全生育期（不含冬秋灌）300m³/亩左右，其中，花、铃期为 200m³/亩左右，苗期和吐絮期 100m³/亩左右。灌水周期：花、铃期 7 天左右，蕾期 10d 左右，苗期和吐絮期 15d 左右，全生育期滴水 8～10 次。生育期间降水量低于 200mm、盐碱相对较重地区可适度增加灌溉定额。

（四）　技术集成

棉花节水栽培模式，节水是目标之一，它的最终目的还必须是在节水栽培条件下仍然能使棉花高产、优质、高效。单纯地讲节水，搞节水，很有可能步入歧途。只有将棉花节水栽培作为一项系统工程来策划、研究、实施，才能达到真正的目的。实践中，各类棉花节水模式都伴随有多项技术的集成。

1. 地膜覆盖栽培技术

地膜覆盖植棉既是一项节水栽培措施，其中，又涵盖有增温、灭草、增产等效应，是棉区普遍使用的一项植棉技术。它的节水作用在于通过地面覆盖地膜后，能有效地减少地面蒸发，据新疆农大测定，苗期覆膜棉田日蒸发量为 1.47mm，比露地棉田少 0.9mm；蕾期覆膜棉田日蒸发量为 2.86mm，比露地棉田少 0.26mm。目前，我国大部棉区已形成了独自的地膜植棉技术体系。按生态区大体分为：北方特早熟棉区地膜覆盖栽培技术，新疆维吾尔自治区的内陆棉区地膜覆盖栽培技术，半干旱棉区地膜覆盖栽培技术，盐碱地地膜植棉技术，麦棉套作区植棉技术，南方两熟制棉区地膜植棉技术等模式。种植方式有沟植平铺，膜宽从 1.2～2.4m 不等，垄植横铺等。绝大部分已实现了机械铺膜播种一次性作业。残膜回收方法日趋成熟。地膜植棉技术已与改进地面灌溉、喷灌、滴灌等节水技术实现了有效结合，并已大面积推广应用。

2. 矮、密、早栽培技术

棉花矮、密、早栽培技术是早熟、中早熟棉区推行的一种栽培技术。它是采用小个体、大群体以减少个体对水肥的无效消耗，充分利用单位面积土壤水分，变地面蒸发为作物根系吸收利用的节源栽培技术。以往众多的栽培学家在"早"字和充分利用光能上开展研究较多，笔者近年从节水的角度对其进行了探索。实践证明，采用高密度栽培，单方净耗水生产效率可使籽棉产量提高 0.2～0.3 个百分点。现阶段棉花高密度栽培的模式是：亩保苗理论株数 1.8 万株，亩收获株数 1.5 万～1.6 万株；植株高度控制在 70cm 左右，每亩成铃 8 万～10 万个，亩可产籽棉 400～500kg，其单方水生产率在 1.2 以上。

3. 施肥技术

水是肥被作物吸收利用的载体，肥随水走。肥料利用率的高低在一定程度上取决于水。伴随着棉花节水栽培技术的发展，施肥技术也在不断地改进。棉花在采用沟畦灌溉情况下，施肥方法一般采用穴施、沟施。采用喷灌、滴灌后，施肥方式也由原来的以基肥为主改为一部分作基肥，一部分作追肥，而追肥方式采取随水施。经近年各地实践表明：在地膜覆棉条件下，因根系分布较浅，施肥深度以20cm左右为宜；基肥占追肥的比例氮肥为40%～80%，磷肥为80%～100%，钾肥在70%左右。膜下滴灌条件下，轻质土除有机肥深施作基肥外，无机肥宜采用滴灌随水施肥方式；重质土可用30%磷肥和有机肥作基肥深施，其余肥料采用滴灌随水施，这种施肥配置可大大提高肥料利用率，一般在采用改进地面灌植棉情况下，肥料采用浅层（20cm左右）基施比深层施（30cm以上）和撒施的利用率提高8%～10%，尤其是氮肥，采用滴灌随水施比基施的提高18%～30%。

施肥量必须依据土壤养分状况、棉花目标产量和肥料利用率来确定，一般的指标是斤棉斤肥，即每千克籽棉产量施1kg标肥（通常标肥的折算：14个纯P_2O_5为1个标磷，21个纯N为1个标氮）。

4. 化学调控技术

化学调控是通过施用化学物质，直接影响棉花体内的激素平衡关系，从而实现对棉株生长速度的调控。其主要特点是调控速度快，强度大，用量小，效果好，因而备受棉农欢迎。

（1）生长素（赤霉素）

它具有促进细胞伸长，棉株生长速度快和减少蕾铃脱落的作用。对苗期的僵苗促长有明显效果，一般每亩用量1g，加水50kg。喷施后5～7d开始生效。使用赤霉素时，可配施叶面肥；同时，注意不要与碱性农药、碱性肥料混合施用。

（2）抑制剂（矮壮素、缩节胺等）

这类药剂对棉株主茎和侧枝生长起抑制作用，同时可提高叶绿素含量，促进根系生长和蕾、花的发育，是目前应用最广泛的化学调控药剂。其用量范围变幅较大（4.5～150g/亩）；使用的时段长（从种子处理到打顶后1周）；方法灵活（既可拌种，又可喷雾；既可单用，也可与其他肥料复配，且效果好而快。

（3）催熟剂（乙烯利）

主要用于吐絮期，加速棉叶中光合产物向棉铃输送，促进棉株体内乙烯的释放，以加快棉铃开裂，增加霜前花比例。使用时期一般在上部铃期40d左右，棉田吐絮率达30%以上，用量70～100g/亩，对水25～30kg。

以上介绍了棉花模式化栽培的几个单项技术，此外，还应包括耕作技术、播种技术、水的输配技术、渠系防渗技术等，只有将这些技术进行有效集成，才能形成一套完整的棉花节水栽培模式。

三、应用效果及前景

（一）应用效果

以上分别介绍了棉花节水灌溉技术模式及主要配套技术。从应用情况看，无论应用哪种节水模式，都不同程度地获取了较好的经济、社会和生态效益。

（1）节水

据有关报道，沟植细流灌（含闸管灌）一般省水20%左右，膜下软管灌则达30%以上，喷灌与滴灌在40%～50%。

（2）增温通气

节水灌溉大多是局部灌溉，土壤通透性好，地表温度升高，据测定，细流沟灌比淹灌地表平均温度高20℃左右，地膜覆盖的滴灌地温平均高4~6℃。

（3）省地

畦灌地区因打埂筑坝需占地10%~12%，采用沟植细流灌仅占地3%~4%，可提高土地利用率7%以上；滴灌可省去毛渠，省地8%左右。

（4）节肥

节肥效果在采用灌溉施肥的闸管灌、软管灌、滴灌等形式比较明显。据新疆兵团报道，在棉花膜下滴灌条件下，施肥采用30%作基肥深施，70%作追肥随水施，氮素的利用率可达到64%~68%，磷素利用率在30%左右。平均用肥量（每100kg皮棉）节省30%左右。

（5）增收节支

由于节水灌溉的灌溉均匀度比普通漫灌要好，棉花长势整齐，故产量有明显的提高。改进地面灌一般增产10%左右；喷、滴灌在20%左右；新疆维吾尔自治区的膜下滴灌可达30%以上，最高的达到55%。据新疆农垦科学院调查测算，采用棉花膜下滴灌，每亩增收节支在80元左右。

（6）社会、生态效果

节水灌溉的示范推广地区，改变了农民传统的用水习惯，把浇地真正变成浇作物；同时，缩短了农业用水周期，提高了工业和城镇用水的保证率，缓解了工农业用水矛盾。

（二）应用前景

我国是一个农业大国，农业发展面临的最严峻挑战就是水资源供需矛盾。农业是我国第一用水大户，20多年来，农业用水约占总用水量的80%左右，近年有所下降。农田灌溉面积约占耕地面积的50%，约8亿亩。在水资源紧缺的情况下，灌溉面积的扩大主要靠节水灌溉。因此，发展节水型农业，推广应用各种节水技术势在必行。在节水技术中，成本低、耗能少、技术易掌握的改进地面灌应是现阶段的节水主要形式，其中，从节本增效和节水效果综合考虑，我们向广大棉农积极推荐膜下软管灌节水形式。有条件的棉区可以发展节水效果更好、自动化程度更高、灌溉效果更佳的喷、滴灌技术。总之，要做到因地制宜，要注重多种技术的集成配套，这样才能做到棉区的高产、优质、高效和可持续发展。

第四节　大豆节水模式与技术集成

一、大豆的需水规律

大豆是需水较多的作物，每形成1g干物质，需要消耗600~1 000g水，是小麦、玉米等作物需水量的1.5倍。水分不仅影响大豆的植株形态、生理反应，而且影响产量的高低和品质的优劣。因此，水分是大豆生产中的重要因子之一。

大豆在不同生育阶段需水量不同，出苗至开花期耗水量较小，开花以后迅速增加，结荚期达到高峰，鼓粒期以后缓慢下降，因此，大豆需水关键期，是在大豆开花期至鼓粒结束前这段时间。大豆种子膨胀萌发，要吸收相当于种子质量50%的水分，要达到充分膨胀需吸收相当于种子质量 1.2 ~ 1.4 倍的水分，这是由于大豆种子蛋白质较多，亲水性大的缘故。在苗期因叶面积较小，蒸腾量少，耗水少。分枝期与开花前期，植株生长量大，叶面积增大，代谢作用增强，需水量逐渐增加。在开花初期，如遇干旱会引起落花，如果水分供应适当可保花，所以，这个时期遇到干旱将明显降低产量。到开花末期至幼荚生长阶段，营养体生长达到高峰，代谢旺盛，耗水量大，水分不足会导致大量落花落荚，正如农民所说"干花湿荚，亩收石八"，即大豆荚期比花期对水分更敏感，满足荚期需水量才能获得高产。大豆鼓粒期，仍需要充足的水分，水分不足，百粒重下降，产量降低。随着大豆植株逐渐趋于老化，需水量也逐渐减少。到成熟期停止对水分的吸收。据研究（徐淑琴，2003），大豆从播种至成熟期总需水量为 337.85mm，其中，播种至开花期需水量为 75.65mm，占总需水量的 22.4%；开花期需水量为 62.9mm，占总需水量的 18.6%；结荚期至鼓粒期需水量为 200.2mm，占总需水量的 59.25%。从整个生育期看，开花期至鼓粒期共需水 263.1mm，占总需水量的 75% 以上。结荚鼓粒期是大豆一生中生命最旺盛的时期，对水分反应最为敏感，应把握时机及时灌水。

二、大豆节水模式与技术集成

（一）灌溉条件下大豆高效栽培技术

大豆从播种到成熟在整个生长和发育过程中受外界条件影响很大，各生育阶段对环境条件的要求不同，要根据大豆的生育特点采取相应的有力措施，克服不利因素，促进生长发育。做好播前准备、精细播种、保墒保苗是大豆高产的前提。保证一次播种保全苗，达到苗匀、苗壮，是大豆高产的基础。

1. 品种选择及其处理技术

（1）品种选择

品种选择通常考虑以下几方面：一是大豆生育期类型，早播宜选中、晚熟品种，晚播宜选早熟品种。二是要根据水肥等生产条件选用品种，在高水肥地块选用耐肥力强、茎秆硬、韧性强的抗倒伏品种，一般以有限或亚有限结荚品种为宜；干旱贫瘠地块应选用植株高大、分枝多、无限或亚无限结荚习性品种。三是与高秆作物间作时，可选用早熟、抗倒伏耐阴品种。此外，在有机械化条件的大豆生产区，应选用植株结荚位高、直立不倒、成熟时落叶性好、不易炸荚的品种（信乃诠等，2002）。

（2）种子处理

药剂拌种：常用的防病药剂有福美双、克菌丹（50% 可湿性粉剂）和多菌灵（48% 胶悬剂）等，能防治霜霉病和紫斑病等多种真菌病害，可提高保苗率 8%～29.5%。其使用量为种子质量的 0.3%，拌种后闷种 4h，阴干后播种。在出现大豆子胞囊线虫为害的地块，旋耕前撒毒死蜱，可兼防地下害虫。

①微肥拌种：用钼酸铵拌种。每千克豆种取 1.5g 钼酸铵，溶于水中，用液量为种子量的 0.5%～1%，均匀洒在种子上，混拌；用硫酸锌拌种时每千克豆种用 4～6g 硫酸锌，溶于水中，用液量为种子量的 0.5%～1%，均匀洒在豆种上，混拌均

匀,阴干待用。

②种子包衣:种子包衣技术是近年来大豆栽培中常用的新技术之一。其重要性在于包衣技术基本解决了大豆重迎茬中乃至正茬种植中大豆根部病虫害防治问题,还可补充大豆所需的微量元素,使大豆在生长发育过程中增强抗逆性,有利于实现苗全苗壮,达到高产。一般选用35%的克多强等大豆种衣剂,按药:种为1:75或1:100的比例进行包衣;也可用35%乙基硫环磷或35%甲基硫环磷(种药比例100:0.5)拌种进行防治。目前,市场上种衣剂的种类较多,效果差异较大,使用时要注意选择高效、低毒、低残留的种衣剂。

2. 大豆的合理轮作

大豆厌恶重迎茬,重迎茬大豆植株生长迟缓,叶色变黄,植株矮小,荚少、粒少、产量显著降低。这是因为,大豆重迎茬连续消耗单一的土壤养分,使土壤营养元素得不到适当的调节和恢复,造成土壤营养元素亏缺。大豆需氮、磷养分较多,重迎茬氮、磷养分含量不足,不能满足大豆生长发育的要求。将大豆与粮食作物与经济作物进行年际间搭配轮作,可以消除因连作造成的土壤理化性状恶化、土壤中水分和养分片面消耗以及病虫害发生加剧等问题,提高水肥的利用效率,达到用地和养地的目的。

北方大豆主要轮作方式如下(信乃诠等,2002)。

(1)一年一熟春大豆区

一般把大豆种在小麦、玉米或高粱、谷子之后,其轮作方式为:

春小麦—春小麦—大豆—玉米或谷子。

春小麦—春小麦—大豆。

大豆—春小麦—玉米—谷子。

大豆—高粱（谷子）—玉米。

玉米—大豆—谷子或高粱。

（2）一年两熟夏大豆区

夏大豆前作为冬小麦，夏大豆收获后，再种冬小麦，一年两熟轮作形式。低洼地多种植高粱，一般采用：高粱—冬小麦—夏大豆。地势稍高，种植甘薯、谷子较多，主要采用下列轮作方式：

冬小麦—夏玉米—冬小麦—夏大豆。

春谷子—冬小麦—夏大豆。

冬小麦—夏大豆间作玉米—冬小麦—甘薯。

冬小麦—夏大豆（甘薯）—夏谷子。

3. 大豆土壤耕作技术

创造良好的土壤环境条件是实现大豆正常生长发育的重要保证，因此，必须采取有效的耕作技术体系。合理耕翻、精细整地能改善土壤结构，调节土壤理化性状，并消灭杂草和减轻病虫害。

（1）深松耕作技术

深松耕作技术增产的主要原因是（何珑，2000）：

①改善土壤物理性质：经过深松耕和精细整地，耕层深厚，土壤疏松。

②深松耕土壤蓄水保墒和防旱能力增强。

③深松耕结合施肥改善耕层土壤结构，使土壤固相、液相、气相保持适当比例，提高土壤温度 $0.5 \sim 1℃$，使土壤中

的养分和水分能有效地被大豆吸收利用，促进大豆生长。

④深松耕能翻埋秸秆和绿肥，消灭杂草，减少病虫害的蔓延。

深松耕一般应与当地雨季来临相吻合，以便充分接纳降水，伏天深松要早，早则能将伏雨蓄入土壤之中；秋季的深耕宜在秋收后尽早进行，以减少地表蒸发，同时也可以接纳部分秋季降水；至于春耕，一般宜早不宜迟，宜浅不宜深。深松耕一般以 20～25cm 为宜，深者也可加至 30cm，以遇上日降水量40～50mm 而不产生土壤径流为宜。

（2）平翻起垄技术

平翻起垄就是在前茬作物收获后，采取机引机具平翻、机马牛结合和、起垄、镇压等一套作业程序。该技术可以使耕层土壤上下交换，形成一个比较疏松、通气、蓄水的有利于调整水、肥、气、热关系的耕层结构，作业程序完成后即达到播种状态。

平翻起垄适用于一年一熟的春大豆区。翻地时，根据前茬、后作、土壤性状及动力、机具等情况，灵活安排翻深，一般 18～24cm，平翻后田面平整，无漏耕、重耕，耕幅一致。根据土壤墒情和耙地时间确定耙深，一般 12～15cm，边耙边耢，和耢后耕层内无大土块及空隙。起垄要求垄向直，深度均匀，垄台压实后，垄沟到垄台的高度不低于 18cm，压后地面平整，土壤紧实。

4. 大豆的播种技术

播种是决定大豆全苗壮苗的基础。播种工作的中心要求是在整好地，选好种的基础上，做到适期早播，提高播种质量，做到下种均匀，播深一致，覆土厚度一致，一次播种保全苗。

（1）播种期

大豆播种期与品种类型、土壤含水量等有密切关系。播种期早晚对产量影响很大，北方春播大豆区的播种期一般为5cm土层深度日平均温度达到8～10℃时为播种适期。播期过早，土温低、出苗慢、容易烂种；播期过晚，则不能充分利用有效积温，易遭受低温早霜危害，导致秕荚、秕粒、青粒增多，不仅降低产量，而且影响籽粒质量。另外，根据品种熟期，早熟品种适当晚播，中熟品种和中晚熟品种适期早播。

（2）播种深度

大豆的播种深度与出苗和壮苗密切相关。应根据土壤质地和墒情，确定适宜的播种深度。土壤质地疏松，墒情好的地块，播深在3～4cm为宜；墒情较差地块，播深应在4～5cm。但播深超过6cm，则出苗慢，苗势弱。

（3）播种密度

确定播种密度要依据大豆的品种特性、播种方式和地力水平。在一定条件下，尽可能增加单位面积株数，充分利用土壤水分、养分，最大限度利用光能和通风透光条件，使单株和群体都有一个良好的生活环境。

确定合理密植的原则（何珑，2000）：一是根据品种特性来决定，大豆品种的长势和株型不同，对密度的反应也不一样。植株高大，分枝繁茂的品种要稀植；独秆品种、植株紧凑、主茎结荚率高的品种和早熟品种要适当密植。二是根据土壤肥力水平来决定，土壤肥沃，施肥水平高，大豆单株生长繁茂，个体生产能力可充分发挥、密度要稀些，防止倒伏；地力较差，单株生长弱，要发挥群体的增产作用，要适当密植。三是根据栽培方法来决定，采用机械化管理，适当增加密度能提高底荚高度，便于机械收割，窄行距栽培大豆可适当增加密度。

5. 大豆的施肥技术

（1）基肥

增施农家肥料作基肥，是保证大豆高产、稳产的重要条件。农家肥属完全肥料，矿物质养分含量高，还含有较多的有机质，性质温和，肥效长，对培养地力非常有利。同时，有机肥还能改善土壤的理化性质，增加疏松程度，使土壤蓄水、蓄肥并增强保温能力，形成大豆生长的良好环境。在农家肥料中，以猪粪对大豆增产效果最好，其次是含有机质较多的马粪和堆肥，土杂肥的效果较差。基肥的施用量因粪肥质量、土壤肥瘠和前作物施肥多少等具体情况而定。一般粪肥质量高的，每亩施 1 000 ～ 1 500kg，质量差的，每亩施 2 000 ～ 3 000kg。土壤瘠薄和前茬施肥量少的地块，更应注意多施有机肥。

（2）种肥

大多数情况下，过磷酸钙作大豆种肥可以获得明显增产效果。每亩用量 10 ～ 15kg。薄地施种肥常需加少量氮肥，每亩施尿素 10kg 或硝酸铵 10 ～ 15kg 混合施用时，氮、磷配合比例以 1：3 或 1：2 为好。施种肥时，要特别注意肥、种隔离，避免种肥直接接触，发生烧苗现象，另外，种肥深施也有明显的增产效果。

（3）追肥

①苗肥：苗期施肥适用于土壤瘠薄又没施基肥和种肥的情况，可在大豆第一复叶展开时追施，施尿素 3.5～5kg/ 亩，过磷酸钙 15～7.5kg/ 亩，施肥后结合中耕覆土。

②花荚肥：大豆花荚期是需肥关键期，一般于初花期结合中耕，追施硫酸铵 10～33.5kg/亩，或尿素 5kg/亩 左右。

③鼓粒肥：鼓粒肥多采用根外叶面喷施的方法，以提高粒重。可用 2%～3% 的过磷酸钙溶液 50～75kg/亩时，或 0.3% 的磷酸二氢钾溶液 40～50kg/亩。

6. 田间管理技术

（1）保苗措施

主要包括辅助出苗、查苗补苗、间苗定苗等。在春播大豆区，应及早锄划、松土保墒，促进出苗；在夏播大豆区，播种后遇雨豆芽拱土困难，可在土表潮干时用钉齿耙地或用钩子破碎地表结皮，以利出苗。大豆出苗后，应抓紧时间逐行查苗，发现缺苗断垄，及时补种或移苗移栽，可使幼苗分布均匀，单株均匀生长，确保合理密度。间苗时间宜早不宜迟，以不超过两片真叶期为宜。

（2）中耕培土，防除杂草

大豆中耕以人工手锄或畜力中耕培土为主，农场以机械中耕为主。中耕培土一般分 3 次进行，第一次在间苗后进行；第二次在第三复叶展开时进行；第三次在开花初期进行。3 次中耕深度，应掌握浅一深一浅的原则。中耕还可以消灭田间杂草，减少土壤水分和养分的消耗，提高地温，防旱保墒，促进大豆根系发育和植株生长。

（3）灌溉

大豆是需水较多的作物，对我省来说，不同年度间降雨量差别很大，且不同季节分布不均匀，所以，应根据大豆需水规律及气候条件进行合理灌溉。

7. 大豆节水灌溉技术

（1）喷灌

喷灌是利用喷灌设备，将水在高压下从喷枪中射出，形成人工模拟降雨式的灌水方式（崔毅，2005）。喷灌具有省工、省地、节水、土壤板结轻等优点，是大豆较好的灌溉方式。喷灌的技术要点是：喷灌强度以水能入渗土壤，不产生径流，破坏土壤结构为宜；水滴大小要适宜，水滴过大易破坏土壤结构，造成地表板结，且易传播病害，水滴过小会在空中飘散，增加蒸发损失，浪费用水；喷灌必须均匀一致且不宜在炎热的中午或大风天进行。

（2）微喷灌

微喷灌技术，是借助于由输、配水管道输送到设施内最末级管道以及其上安装的微喷头，将压力水均匀而准确地喷洒在每株植物的枝叶上，或植物根系周围土壤表面的灌水技术。微喷灌具有工作压力低，节约能源、对地形和土壤的适应性强、灌水均匀等特点，一般用于灌溉水量不足、土壤透水力强的地块。

（3）沟灌

沟灌是大豆传统的灌水方式，水分沿灌水沟通过毛细管的作用向垄体渗透，能保持良好的土壤结构，且用水量比大水漫灌少，适宜于水源充足的地区应用。沟灌多采用单沟灌水，在水源不足的地区可采用隔沟灌水。沟灌时每沟灌水量应适当控制；重浇旺长水，可满沟灌水；巧灌圆顶水，可半沟灌或隔沟灌，注意防止地温大幅度波动。

(4) 膜下滴灌

膜下滴灌是覆膜种植与滴灌相结合的一种灌水技术，也是地膜栽培抗旱技术的延伸与深化。它根据作物生长发育的需要，将水通过滴灌系统一滴一滴地向有限的土壤空间供给，仅在作物根系范围内进行局部灌溉，也可同时根据需要将化肥和农药等随水滴入作物根系。作为一种新型的节水灌溉技术，与地表灌溉、喷灌等技术相比，有着其无可比拟的优点，是目前最节水、节能的灌水方式。由于膜下滴灌的配水设施埋设在地面以下，管材不易老化，灌水时土壤表面几乎没有蒸发，又避免了水的深层渗漏和地表径流，使作物对水、肥的利用更直接有效，便于田间管理和精确控制灌水量。

(5) 膜上灌

膜上灌水技术是在地膜覆盖栽培的基础上，将过去的地膜旁侧灌水改为膜上流水，水沿放苗孔、专门打在膜上的渗水孔或膜缝渗下而浸润土壤的方法来满足作物需水，达到节水、增产的一种灌水技术。膜上灌可以将田面水通过放苗孔或专用渗水孔下渗，只灌作物，属局部灌溉，减少了沟灌的田面蒸发和局部深层渗漏。据试验，膜上灌比沟灌节水25%~30%，水分利用率可达80%以上。在水资源匮乏的沟灌区改膜上灌，节水可达40%~50%。如果膜上灌这种田面节水技术与管道输水（水的利用率97%）配合灌溉，水综合利用率可达近90%。同时，膜上灌与沟灌相比均匀度有很大提高，可以给作物提供较适宜的水分状态，有利于作物吸收且土壤不板结。

（二）旱作条件下大豆节水模式与技术集成

1. 暗式坐（注）水技术

暗式坐（注）水技术包括坐水播种技术和苗期注水补灌技术两项内容（张忠学，2005）。暗式坐水播种技术是将水通过松土灌水器与种、肥直接埋入耕层中。在播种同时实现施水作业，一次完成开沟、注水、播种、施肥、覆土等多道工序，既是一项操作简单、效果显著的节水型旱作农业生产技术，也是一项改善作物生长环境、保墒增产的栽培技术。苗期注水补灌技术是在苗期干旱时期，将水通过松土灌水器及时注入作物根系附近，保证幼苗对水分的需求和提高抗旱能力。

（1）技术特点

①整体机具结构简单，适应性强，造价低廉，便于应用推广。

②按照不同水文年份划分旱情等级，确定注水灌溉量，可提高抗旱能力，抗旱天数可达 30～40d。

③根据土壤水分运动和入渗理论实现暗式坐水，起到了保墒、以水引墒的效果，解决了旱田坐水保苗和灌水、播种、施肥同步的问题。

④可一次完成松土、开沟、灌水、点种、施肥、覆土、镇压等 7 项作业，达到省工、省水、提高生产效率的目的，有利于抗旱和节约水资源。

（2）坐（注）水的技术参数

包括坐水量及注水深度。机械坐水播种坐水量的多少主要依据土壤的干旱程度，保证作物种子能够发芽出苗为宜，但不是越大越好，水量太大，易造成漂种和地温降低现象，不利种子发芽出苗。

（3）播期

5～10cm 土层稳定超过 8℃时开始播种，播深 5～7cm。坐水种地块播后隔天镇压。

（4）坐水播种水量与深度

当 5～10cm 土壤含水率为 8%～10% 时，坐水量 3～5m³/亩；当土壤含水率为 10%～12% 时，坐水量 2～3m³/亩；施水深度为 8～12cm。

2. 地膜覆盖保墒技术

地膜覆盖技术是一项传统的蓄水保墒技术（王维敏等，1994），它是把厚度为 0.002～0.02mm 的聚乙烯塑料薄膜覆盖在农田地面上，能有效地改变农田小气候条件，改变土壤水热状况，提高地温、保墒、改善土壤理化性质、提高植物光合效率，从而促进作物生长，提高产量；另外，地膜覆盖能阻止土壤水分的散失，提高水分利用效率，满足大豆种子发芽对水分的需要，为苗期、开花结荚期保蓄了水分，对大豆抗旱起到重要作用。大豆覆膜栽培由于覆膜与栽植形式的不同，主要有垄上覆膜穴播、大垄双行穴播、行间覆膜膜边栽植 3 种形式。

（1）垄上覆膜穴播技术

一般垄距 65cm，穴距 15～20cm，每穴留苗 2～3 株，每亩保苗 634～934 株。准备种植垄上覆膜的大豆，要伏秋整地，起垄要细，不能有大土块，精细覆膜可采用机械覆膜也可人工覆膜，适时早播，一般比直播早 5 ~ 7d。

（2）大垄双行穴播技术

大垄即由原来的 3 条垄变成 2 条垄，垄距 97.5cm。准备种植大垄覆膜的地块要伏秋耕翻起垄，将原来的 3 垄变成 2 垄，要做到随翻、随耙、随起垄、随镇压，达到播种状态，并施有机肥。

（3）行间覆膜技术

采用平播覆膜，膜外侧播种。苗带为单行精量点播，大行行距 70cm 覆膜，小行行距 45cm 不覆膜，苗期大豆免机械中耕管理。覆膜后，地膜覆盖面积占 56% 以上，减少地表水分蒸发，白天膜内增温快，有利于下层土壤水向上运移，达到膜面形成水滴，然后沿弧形膜面两侧返回土壤中，一部分被根部吸收；另一部分继续内部循环，从而提高水分利用效率。

3. 振动式深松蓄水保墒技术

多功能振动式深松机的出现，首次将振动原理运用于农业耕整地机械中，以独特的耕作方式替代了传统方法。该技术在不破坏土壤耕作层、达到改良土壤目的的同时，实现了水资源高效利用；该技术利用大型拖拉机牵引深松振动型，可以完成深松旋耕、深松耙地、深松起垄等复式作业，深松 30 ~ 50cm，振动土壤，使其疏松不乱，可减少径流 80%，提高自然降水利用率 70% 左右，达到蓄水保墒的目的

4. 土壤节水生化制剂保水

土壤保水剂具有超强吸水性，能迅速吸收自身重量几百倍甚至上千倍的水分，吸水后膨胀为水凝胶，可缓慢释放水分供作物吸收利用，而且具有反复吸水和释放水的功能。由于土壤

保水剂呈弱碱性或弱酸性，无毒、无刺激性，且在土壤中可降解，不会造成环境污染，具有较高的安全性。该技术适用于裸地种植大豆。

大豆播种时要求土壤水分含量达到最大田间持水量的70%~80%。苗期干旱会限制叶面积增长，从而影响光合作用及产量。在沙土地上施用保水剂，有增产效果，主要表现为出苗率高、早发根、早结荚、增加分枝数和根瘤数。在干旱年份施用保水剂，效果会更加明显。

施用方法：沟施或穴施。视沟施、穴施之不同，每亩可用保水剂7.5~15kg，随开沟施入或按穴施入，施后即可播种或移栽。

三、应用效果及前景

我国北方地处大陆性季风气候区，长年降水少，地上和地下水贮量不足，干旱严重地制约农业可持续发展。大豆是需水量较高的作物，而水分亏缺是影响大豆产量的重要障碍因子，因此，最大限度地保蓄土壤水分，将地面无效蒸发降到最低，同时，又能充分接纳天然降水，使其就地入渗，蓄存于土壤水库之中，减少水土流失，并同时对土壤水分调控利用，改善农田的水分供给状况，使大豆生长始终处在水分良好供应的环境中，提高大豆生产的水分满足率和水分利用率，使大豆能在旱农区持续稳定高产，是旱农区大豆生产的最主要目标。经研究表明，综合节水模式的应用比常规栽培产量提高5%~20%，每亩节水100m³以上，应用前景十分广阔。

第五章　一年两熟制灌水统筹种植模式技术

河北省低平原区由于自然地理、气候及耕作习惯等因素，大田作物种植模式除棉花一年一熟外，大部分为一年两熟制，其中，又以冬小麦—夏玉米种植模式占绝大部分面积。近年来，随着地下水超采综合治理和耕作制度的变化，一年两熟制种植模式也在不断地得到尝试与丰富，本章就几种一年两熟制种植模式的节水种植技术进行论述，以方便广大农户参考。

第一节　油葵—夏玉米节水种植模式

一、油葵生产概况

河北省中南部黑龙港流域属半干旱地区，常年降雨量偏少，农业生产主要依赖地下水资源，近年来由于地下长期超量开采，该区域已经形成了华北地区最大的地下水超采漏斗，并呈进一步加深发展趋势，严重影响该区域农业生产的可持续发展。因此，调整农业产业结构，改变传统种植模式势在必行。

油葵根系发达，属喜水、耐旱作物，生育期 80～90d，通过调整播期对油葵生育期进行掌控，使油葵能在 6 月底前成熟，并与下茬作物进行轮作，在河北省中南部气候条件实现一年两熟种植。油葵正常年份全生育期只浇一水，每亩浇灌 45m³。早春播种植，病虫害较少，易管理、省工省时。油葵既可以在大田种植，也可在房前屋后、道路两旁种植，既可以取得较好效益，又有观赏价值。瘠薄地块一般亩产 200kg 左右，高水肥地块亩产可达 300～400kg，效益较传统种植模式优势明显。目前，油葵的节水、高效优势已得到生产上的普遍认可，种植面积在河北省迅速扩大。

油葵油分含量高，达 38%～45% 左右，是世界上五大油料作物之一，具有极强的抗逆性和良好的食油品质。油中含亚油酸 66%，是人体不可缺少的脂肪酸，可排除胆固醇，减轻动脉硬化，有益于心脏病和高血压患者。葵油中含较高的维生素 E 和胡萝卜素，前者是生殖细胞正常发育所不可缺少的物质，后者可转化为维生素 A，可防治夜盲症和皮肤干燥，故被称为"保健油"，被美国、法国、俄罗斯等国家广泛食用。

二、早春播油葵覆膜种植技术

1. 播期选择

油葵是耐寒、耐旱、管理简便的一种油料作物，油葵可两茬播种，为争取农时，春季播种时间应尽量提前，可在土壤化冻后覆膜播种。油葵幼苗可忍耐 -7℃ 的低温。播种前如果墒情较好，可直接施底肥耕作。如果墒情不足，可根据墒情进行定额灌溉，也可浇灌每亩 35 ~ 45m³ 水造墒。

2. 品种选择

选择品种以高产、优质、抗病、抗倒伏为首要条件，同时要考虑适宜当地栽培。油葵主要栽培品种为美国矮大头 DW667、DW567、新葵杂 20、新葵杂 22 等，其植株矮、茎秆粗、花盘大、产量高、出油多、油质好，深受广大农民群众欢迎。

3. 整地施肥

油葵根系发达，且扎地深广，瘠薄、肥沃土地均可种植，但在肥沃的地块种植增产潜力更大。因此，要尽量选择土壤肥沃的地块，深翻 20 ~ 25cm，以满足根系生长和吸收水肥的要求。耕地前可每亩施农家肥 3 000 ~ 4 000kg、复合肥 50kg。

4. 播种

春季播种油葵要求气温稳定在 10℃，可根据当时天气预报来确定种植时间。早春播油葵一般在 3 月下旬至 4 月上旬播种，油葵耐寒性强，幼苗能耐 - 7 ℃ 的低温。地膜覆盖的油葵最早可于 3 月上旬播种，此时，播种的油葵可正常生长。亩播量为 0.5kg 左右，播深掌握在 3 ~ 5cm。

5. 中耕除草

中耕可以提温保墒，尤其在早春效果显著，同时，可以达到除草的效果。一般进行 2 次中耕即可，第一次结合定苗进行，此次中耕提温效果显著，利于早春油葵苗的生长；第二次在现蕾前进行。

6. 肥水管理

现蕾期是油葵需水关键期，此期不仅植株生长迅速，而且是花盘发育的关键期，需要保证水分和养分供应，所以，此期若遇干旱要及时浇水，并结合浇水亩追施尿素 10kg。

三、夏玉米种植技术

1. 播期与品种选择

在前茬作物油葵成熟时，河北省低平原区一般气温都在 25℃以上，如果贴茬播种，一般在 4~6d 出苗。为确保玉米的产量和正常成熟，要视油葵的成熟期确定夏玉米播期和夏玉米品种。按照夏玉米成熟期在 10 月上旬成熟，向上推算玉米的生育期，选择适宜的玉米品种。油葵在 6 月上旬成熟的，下茬玉米品种选择生育期为 100~110d 的品种，油葵在 6 月中旬成熟的，下茬玉米品种选择生育期为 98~105d 的品种，油葵在 6 月下旬成熟的，下茬玉米品种选择生育期为 85~95d 的品种，油葵在 7 月上旬成熟的，下茬作物应种植青储玉米或改种谷子、绿豆等其他生育期短的作物。品种选择应遵循抗青枯、抗黑瘤病、抗倒伏、抗蚜虫、品质好、成熟后期脱水快、适宜机械化收获的品种。由于近几年伏旱天气时常出现，玉米品种的抗旱性越来越显得更加突出，玉米根系发达不仅使其抗旱性增强，抗倒性增强，还能增加其抗涝性，并能使玉米吸收深层土壤的水分和营养，增加产量。市场上的玉米如郑单 958、衡单 6272、先玉 335、登海 605、金秋 963、京单 28 等都具有较好的抗旱性能。

2. 一水两用技术

油葵中后期长势茂密，不仅提高油葵的光合作用效率，还可使地面遮阴效果非常好，地面温度降低，地面蒸发量减少，有利于保墒，杂草不宜生长。油葵灌浆期至成熟后期如遇旱情，在油葵灌浆期，可适量喷灌水，不仅有利于油葵灌浆增加产量，还可以借墒播种下茬玉米。如果条件允许，油葵成熟后期在行间进行点播玉米，为夏玉米的生长争取更多时间。此期浇灌水量应根据土壤墒情、气候变化而定，大水漫灌不宜提倡。

3. 播种

为提高种子的发芽率与发芽势，播种前 2~5d 要对种子进行晾晒，晾晒不要在水泥地面、铁板等上面进行，防止温度较高烫伤种子，影响发芽率。玉米播种一般采取贴茬播种的方式。点播种机采用施肥、播种一体机最好。播种前要了解种子的发芽率、千粒重，计算好每亩播种的密度、粒数、行距、株距，争取一播全苗，这样不仅可以使出苗整齐，还可以节省人工间苗的工序。播种深度一般为 3~4cm。墒情好的播种后可以直接喷洒苗前专业除草剂，墒情较差的可以浇蒙头水或使用喷灌设备进行浇灌，一般浇灌后 3d 就能进入地里喷洒除草剂。如遇连阴天气，也可喷洒苗后除草剂。除草剂一定要注意喷洒时间适宜，过早过晚会引起药害。

4. 除草

可选用 40% 乙阿合剂、52% 乙莠 150~200mL/亩；苗后早期（玉米 1~4 叶期）可选用 23% 烟密，莠去津 100~120mL、50% 玉宝可湿粉剂 100g/亩、或 38% 莠去津悬浮剂 100mL/亩 +4% 烟嘧磺隆悬浮剂 100mL/亩；玉米生长中期可以用 10% 草甘膦水剂 200~300mL/亩、20% 百草枯水剂

100～150mL/亩，或 40% 乙莠悬浮剂 150mL/亩 + 20% 百草枯水剂100～150mL/亩。

5. 肥水管理

河北省低平原区夏玉米生长期正逢降雨量最集中的月份，降雨量一般基本能够满足夏玉米的生长需要，但由于近两年出现了持续的伏旱天气，尤其是在玉米的关键生育期，对玉米产量影响较大。在大喇叭口、扬花、灌浆等时期如果遇到持续伏旱，一定要根据墒情进行浇灌。具有一定规模的农场可用喷灌、定额灌溉机、微喷灌等措施进行浇水，即可以达到玉米所需水量的效果，又可达到节水的目标。

6. 适时晚收

一般在籽粒乳线消失、黑层出现后再行收获，利于提高产量和品质。在正常播种情况下，适宜收获期为 10 月 1～10 日，可根据玉米的成熟度确定收获期，可在正常情况下向后延长3～8d 收获，玉米可提高产量 3%～8%，同时，还可降低玉米籽粒的含水量，当籽粒的含水量低于 28% 时，可以机械收获，含水量越低，机械收获时籽粒的破损率越低，晾晒或烘干的成本越低。但收获也不能太晚，收获太晚易造成秸秆倒伏，影响收获。

第二节　油葵—谷子节水种植模式

河北省低平原区夏播谷子生育期较短，一般在 80～90d，有效积温在 2 000℃左右，播种期不晚于 7 月上旬均可以成熟。

油葵—谷子种植模式在 6—7 月倒茬时间较充裕。但应遵循油葵尽量早播的原则，一可以使油葵在雨季来临之前成熟，防治因成熟较晚遇到雨天形成烂盘现象；二为下茬作物谷子争取更长的生长期，提高产量。

一、早春播油葵覆膜种植技术

1. 播期选择

河北省低平原区一般在 6 月下旬雨量明显增强，如果油葵成熟期在 6 月下旬，并与降雨时间重合较长，容易形成烂盘现象，并影响产量。为争取农时，春季播种时间应尽量提前，可在土壤化冻后覆膜播种。一般河北省低平原区 3 月气温波动较大，但平均气温回升较快，一般在 3 月均可以播种。播种前如果墒情较好，可直接施底肥耕作。如果墒情不足，可根据墒情进行定额灌溉，也可浇灌每亩 35 ~ 45m³ 水造墒。

2. 品种选择

选择品种以出油率高、高产、抗病、抗倒伏为首要条件，同时，要考虑适宜当地栽培。油葵主要栽培品种为新葵杂 20、新葵杂 22、DW667、DW567 等，其植株矮、茎秆粗、花盘大、产量高、出油多、油质好，表现较好。

3. 整地施肥与播种

油葵根系比较发达，瘠薄、肥沃土地均可种植，在肥沃的地块种植增产潜力更大。因此，要尽量选择土壤肥沃的地块，深翻 20 ~ 25cm，以满足根系生长和吸收水肥的要求。耕地前可每亩施农家肥 3 000 ~ 4 000kg、复合肥 50kg。播种可根据当时天气情况确定种植时间。地膜覆盖的油葵最早可于 3 月上旬播种，此时，播种的油葵可正常生长。亩播量为 0.5kg 左右，播深掌握在 3~5cm。

4. 中耕除草

中耕可以提温保墒，尤其在早春效果显著，同时，可以达到除草的效果。一般进行 2 次中耕即可，第一次结合定苗进行，此次中耕提温效果显著，利于早春油葵苗的生长；第二次在现蕾前进行。

5. 肥水管理

现蕾期是油葵需水关键期，此期不仅植株生长迅速，而且是花盘发育的关键期，需要保证水分和养分供应，所以，此期若遇干旱要及时浇水，并结合浇水亩追施尿素 10kg。

二、夏播谷子节水种植技术

谷子根系发达，抗旱性好，对土壤条件要求不高。河北省低平原区降雨量最多的月份与夏播谷子生长期相重叠，在正常年份，一般不需要浇水。但在近几年出现了持续伏旱天气，在谷子生育关键期应适量进行浇灌。

1. 谷子的特征特性（以衡谷 13 为例）

幼苗绿色，生育期 91d，株高 120.89cm。纺锤形穗，松紧适中；穗 20.63cm，单穗重 16.21g，穗粒重 13.11g；千粒重 2.83g；出谷率 80.96%，出米率 74.56%；褐谷黄米。熟相好。该品种抗旱性 1 级，耐涝性 4 级，抗倒性 2 级，谷锈病 3 级，对谷瘟病、纹枯病抗性均为 2 级，白发病、红叶病、线虫病发病率分别为 1.12%、0.47%、2.81%，蛀茎率 1.43%。

2. 播期与品种的选择

谷子的品种选择应根据前茬作物油葵的成熟收获时间来定。如果油葵成熟期在 6 月中上旬，谷子可选择生育期较长一些的品种，如果油葵成熟期在 6 月下旬至 7 月初，谷子可选择生育期较短的品种。由于谷子属禾本科植物，前期生长较慢，且容易遇到阴雨天气，杂草危害较重，应选择抗除草剂的谷子品种，苗前用除草剂最好，如果苗前来不及喷打除草剂，在苗期的 3～4 叶时应专用除草剂进行喷洒，效果也较理想。选择谷子品种还要注重优质，品质好的品种商品性好，价格高，容易出售。谷子品种应抗倒伏能力强，抗病性强。如张杂谷系列、衡谷 13 号等都是一些抗除草剂、优质、抗倒伏、抗病虫、高产的品种。

3. 选地整地

谷子籽粒细小，发芽顶土能力弱，必须在墒情充足、疏松细碎的土壤上才易出苗选择土层深厚、土质疏松、保水保肥能力强、肥力中等以上的旱平地、缓坡地、一水地、水浇地。结合深翻耙压综合整地措施，亩施优质腐熟农家肥 2 000～3 000kg。蓄水保墒，将土壤整平耙细，上虚下实，为一次播种保全苗创造良好条件。

4. 种子处理

晒种，播前一周将谷种在太阳下晒 2～3d，以杀死病菌，减少病源并提高种子发芽率和发芽势。选种，播前用清水洗种 3～5 次，漂出秕谷和草籽，提高种子发芽率。药剂拌种，可用 50% 辛硫磷乳液闷种以防地下害虫，药：水：种比例为

1：40～50：（500～600）。防治白发病、黑穗病可用20%萎秀灵乳剂或20%粉锈宁乳剂按种子量的0.3%～0.5%拌种。

5. 栽培要点

河北省低平原区正常夏播在6月中下旬，也可在7月上旬晚播。一般机械播种行距40cm，夏播地块60万～75万株/hm^2，每亩播量0.5kg。播种不可贪密。播量应尽量精准，播后不用人工间苗，在3～4叶期用配套除草剂进行间苗、除草。

鸟类非常喜欢食用谷子，在成熟期，应注重防治鸟害，可在田间可悬挂一些去鸟的彩带等，条件好的可以在田间放驱鸟噪音。

6. 施肥

谷子喜肥，对肥料反应比较敏感，应加强有机肥、无机肥以及氮、磷、钾配合施用，施足底肥，才能满足生长发育需求。试验证明，每生产100kg谷子，需从土壤中吸取氮4.7kg、磷1.7kg、钾5.0kg。在当前中等地力的田块要想获得500kg左右的产量，亩需施底优质有机肥4 500～5 000kg，尿素25～30kg、过磷酸钙50～60kg，氯化钾12～15kg。拔节期每亩追施20kg尿素。

第三节　小黑麦—棉花节水种植模式

小黑麦是小麦和黑麦远缘杂交形成的后代，具有双亲的一些优点，如保持了小麦的丰产性、早熟型，还具有黑麦的抗病性、抗逆性和营养生长茂密性，对病虫害抵抗能力强，对干旱、瘠薄、盐碱等不良环境条件有较强耐性，适应性广，适合在各种土壤上栽培。小黑麦根系发达，分布范围广，吸收水分、养分能力强，叶片细长，有蜡质层，分蘖多，分蘖节糖分储存多，因此，抗旱、抗寒和耐瘠能力强。小黑麦作为饲用可鲜食，也可储存干草。收获期在 4 月中下旬至 5 月上旬，可与棉花轮作。棉花属抗旱、耐瘠薄作物，对水分需求较玉米少，实现小黑麦—棉花的轮作，不仅可以实现经济效益，还可达到节水的目的。

一、小黑麦节水种植技术

1. 播前准备

（1）种子准备

为提高发芽率，将种子精选，在播前晾晒 1 ~ 2d。测定千粒重及发芽率（发芽率须在 85% 以上），根据设定的基本苗数计算和调整播种量。害虫易发区应进行种子处理，预防地下害虫。

（2）肥料准备

尽量多施有机肥，每亩施用量应在 2 000 ~ 3 000kg。合理确定氮、磷、钾肥用量，全生育期每亩应施纯氮 14 ~ 16kg、五氧化二磷 6 ~ 9kg 和氧化钾 4 ~ 5kg。

2. 精细整地及施底肥

精细整地是保证饲草小黑麦、黑麦播种质量的关键，应达到田面平整，无墒沟伏脊坷垃。将有机肥和全部磷、钾肥及 1/2 氮素化肥随整地施入。播前须检查土壤墒情，足墒下种，缺墒浇水，过湿散墒，播种适宜土壤含水量：黏土为 20%，壤土为 18%，沙土为 15% 为宜。

3. 播种

掌握原则：争取苗全，苗齐，苗匀，苗壮。

河北省低平原区饲草小黑麦、黑麦的适宜播期为 9 月下旬至 10 月中旬。不同时期播种量不同，9 月下旬至 10 月 5 日播种的适宜播量为 9 ~ 10kg/亩，基本苗应控制在 20 万 ~ 25 万/亩。从 10 月 1 日开始，以后每晚播一天应增加 1 万基本苗。播种适宜深度为 3 ~ 4cm，播种应均匀，行距要一致，消灭轮胎沟。达到播行直，不重播，不漏播，做到种满种严，确保全苗，地头要单耕、单旋、单播。出苗后须及时查苗补苗，播后下雨时要及时松土。

4. 冬前苗期管理

掌握原则：促根增蘖，培育壮苗，麦苗长势均匀一致，越冬前达到每亩 100 万茎左右。播种后如果遇雨，应搂麦松土；雨后板结、苗黄的地块须及时搂麦松土通气保墒。播后如果气温较高，麦苗出现旺长时，及时压麦，防止徒长。如果土壤在上冻前墒情较差，必须浇冻水，增强抗寒力，浇足冻水是饲草小黑麦和黑麦生产的关键措施。

5. 越冬期的管理

力争叶色深绿转紫干尖，不青枯，分蘖节上覆土不浅于 2cm。

（1）搂麦、压麦

冬季（河北省低平原区在 12 月中旬及翌年 2 月上中旬），抓紧搂麦，先搂后压，压碎坷垃，弥合裂缝，防止冻害。

（2）冻害补水

冻害年份地表干土层超过 4cm 时，在饲草小黑麦、黑麦返青前（河北省低平原区 2 月上旬）可抓紧回暖时机喷灌 1~2h。

6. 返青—起身的管理

目标：早发稳长，群体协调。合理的长相为新叶正常生长，叶色深绿，进入春季分蘖高峰，春蘖增长率为 20% 左右，无云彩苗。

（1）搂麦、压麦

返青期以控为主，返青初期，搂麦、压麦增温保墒，促早发快长。青饲生产可在拔节前多次刈割。

（2）旺苗化控

对于肥力足、群体大、生长快的旺苗，于小黑麦、黑麦返青后喷壮丰胺或矮壮素，控制旺长，预防倒伏。旺苗要注意蹲苗，适当控制肥水。

（3）病、虫、草害防治

小黑麦、黑麦对白粉病免疫，高抗三锈，虫害发生较轻，但小黑麦、黑麦分蘖期应注意防除杂草。杂草防除方法可人工除草，也可化学防除。化防方法为：小黑麦、黑麦返青后，杂草苗期可选用以下药剂。

①72% 2，4 - 滴丁酯乳油 50mL/亩。

② 75% 巨星干悬浮剂 1g/亩。

③ 72% 2，4 - 滴丁酯乳油 20mL/亩 + 75% 巨星干悬浮剂 0.5g/亩。以上 3 种药剂任选一种，每亩对水 40kg，进行茎叶喷雾。

7. 后期管理及收获

目标：植株健壮，适时收获。合理长相是叶色浓绿，节间短粗，不早衰，不倒伏。

（1）浇拔节水与追拔节肥

拔节期是营养生长和生殖生长并进的时期，是需肥较多的时期，在此之前（4月10～20日）应将剩余的全部氮肥追入。随追肥浇拔节水，喷4～6h。

（2）青饲刈割、青贮收饲、干草晒制

小黑麦饲草用途不同，割收期也不同。在9月播种的麦田，如果麦苗生长繁茂，可在浇冻水后放牧或割青。生产青饲可在冬前及春后拔节前多次收刈，直接用于饲喂或加工优质草粉；生产青贮可在饲草小黑麦扬花后7～10d收割（植株水分含量需降至65%～70%）；生产干草可在饲草小黑麦灌浆中期收割，在田间晾晒2～3d，饲草含水量降至20%～25%时打捆，贮存备用。

二、棉花节水种植技术

1. 播前准备

播前造墒整地，施足基肥。底肥以粗肥为主，每亩施优质粗肥3～4m^3，磷酸二铵20～30kg，尿素10～15kg，钾肥10～15kg。

2. 适期播种

河北省低平原区4月中下旬至5月上中旬均可播种。4月中旬，播种，需地膜覆盖，4月25日至5月1日可直播。播前晒种 2~3d。非包衣种，播种时可用呋喃丹颗粒剂拌种。直播棉田每穴种量不低于 2~3 粒，机播每亩播种量 1~1.5kg。深播浅覆土晚放苗，防倒春寒。为减少间苗工作量，根据密度调整播量，高水肥地棉田每亩留苗 2 300~2 800 株，中等肥力棉田留苗 3 000~3 500 株，旱播盐碱地 3 500~4 200 株。

3. 科学肥水管理

棉花花铃期是水肥敏感期，此期正值河北省低平原区降雨量较频繁阶段，一般不用浇水。如果遇到极端持续干旱，根据棉花长势长相适时适量浇水，同时，每亩追施尿素 5~10kg；补施钾肥 7.5~10kg。视长势，后期补施盖顶肥。

4. 防治虫害

应及时防治棉铃虫、蚜虫、棉蓟马、红蜘蛛等棉花害虫，尽量选择低毒高效的农药，施药时加强防护，防止人员中毒。

5. 化控与打顶

棉花生长势较强，要求全生育期化控，掌握少量多次、前轻后重的原则，根据棉花的长势及灌溉和田间降水情况适时化控。每亩用缩节胺量：蕾期用量 1g 左右，初花期 1.5g 左右，花铃期 1~1.5g。7 月中旬适时打顶，打顶过早易早衰。

第四节　马铃薯—谷子节水种植模式

马铃薯属温凉作物，在河北省低平原早春播覆膜种植，可在 6 月中旬前后成熟，并与下茬作物谷子进行轮作，两种作物在茬口上可以衔接，取得较高的经济效益和节水效果。马铃薯

一般每亩产量在 2 000 ～ 2 500kg，高水肥地块可达 3 000 ～
3 500kg。每立方米水产生的经济效益一般高于冬小麦。

一、马铃薯高效节水种植技术

1. 种薯准备

适宜的品种对马铃薯的品质、产量影响很大。河北省低平
原区应选择早熟品种，其成熟期应在 6 月中旬以前。适宜的品
种有：克新 1 号、费乌瑞它、中薯 3 号、中薯 5 号、大西洋、
早大白、冀张薯 11 号等，这些品种结薯早、薯块膨大快、商
品性好。种薯要进行脱毒，纯度高，一般选择原种或一级种
薯。表皮应光亮完整，没有机械创伤，不能有病虫害和机械创
伤，如果是冬季储存的种薯，应注意是否有冻害。为提高产
量、苗齐苗壮，河北省低平原区种前必须进行催芽。催芽时间
在播种前 35 ～ 45d，选择避光 15 ～ 18℃ 的条件下进行，芽长
0.5 ～ 1.0cm 时晒芽，种薯在散射光下平铺，幼芽浓绿（或紫
绿）、粗壮时就可以做切块准备。

2. 切块、拌种

切块前准备两把刀具，切一个整薯时更换一次刀具，刀具
应浸到消毒液中，消毒液可选用 75% 的酒精、5% 的来苏儿或
高锰酸钾溶液。每切 100 ～ 120kg 薯块应更换一次消毒液。马
铃薯具有明显的顶芽优势，切块时应多利用顶芽，顶芽不够用
时可用侧芽，每个芽块不应小于 25g。尾芽一般不用，如果种
薯数量不足，尾芽应单种，适当晚收。种薯块切好后进行拌
种，100kg 种块用 72% 甲基托布津 70g，加 10g 农用链霉素，

掺1.5kg的滑石粉拌种，也可用80%的多菌灵混新鲜的草木灰拌种，也可以用科博，适乐时拌种，并在当天进行播种，拌种后的种薯块搁放时间不能超过24h。如果切好薯块后遇雨需延时播种，种薯块堆放不宜集中，防止引起烂种。

3. 播种时间

河北省低平原区6月中旬进入夏季，气温偏高，不利于马铃薯成熟。种植马铃薯必须掌握播后出齐苗到当地高温到来之前不少于60d的生长期。一般土壤10cm地温稳定在7～8℃为适宜播期，播种过早，出苗后容易遭遇晚霜而受到冻害，播种过晚，结薯期受到高温影响产量和品质。河北省低平原区一般在2月下旬至3月初地膜覆盖播种，挑选晴天尽量早播，出苗越早，适宜的生长期就越长，产量越高。

4. 地块选择与撒施基肥

马铃薯适宜的土壤一般为中性或偏酸性，沙壤土较好。土壤要地势平坦、地力肥沃、浇灌便利、耕作层深厚。河北省低平原区一般两季轮作，尽量不与茄科作物轮作，马铃薯与油葵、玉米、大豆、谷子、白菜等轮作都能取得较好的效益。有机肥一般在上冻前撒施3 000～5 000kg/亩作为基肥，深耕耙平后浇冻水。

5. 播种密度

河北省低平原区播种密度为4 200～4 500株/亩，一般采用单垄双行栽培模式，播种沟间距90cm，沟深15～20cm，沟内播两行，间距为15～20cm，株距30cm交叉播种。如果单行播种，行距为70cm，株距20cm左右。

6. 种肥与底墒

开好播种沟后，施种肥，氮磷钾复合肥50kg/亩，硫酸钾

25kg/亩，肥与土要混合均匀。土壤缺墒时可以交半沟水造墒，水渗透后播种。

7. 覆土、覆膜、除草

种薯播种后覆细土 8~10cm，整平垄面，喷洒"施田补"或"乙草胺"除草剂，覆盖厚 0.05mm 地膜。地膜覆盖可以提高地温 5℃ 左右，播期提前 10d 左右，马铃薯上市提前 10~15d。

8. 苗期管理

马铃薯播种后至出苗约 30d。从幼苗出土到现蕾约 15d，一般幼苗期为 4 月上中旬。田间出苗时，要将幼苗从地膜中掏出，防止中午膜下高温烫伤幼苗。4 月 20 日前后可以揭膜，追施尿素 10kg/亩，培土后浇一水。苗期以根系发育和茎叶生长为主。

9. 发棵期（块茎形成期）水肥管理

现蕾至第一花序开花月 20d，此期一般为 4 月 20 日至 5 月 10 日。现蕾标志匍匐茎顶端开始膨大，第一花序开放时块茎直径达 3~4cm。此期是单株结薯数和产量的关键时期，不能缺少水肥。追肥可用复合肥 10kg/亩，为防徒长追肥尽量不用尿素，追肥后再培土一次，垄沟深度达到 20~25cm，上垄宽 50cm 左右，下垄宽 70cm 左右。浇水 7d 一次，在垄沟的 3/4 处为宜。

10. 块茎增长期

盛花期至茎叶变黄为块茎增长期，一般在 5 月中下旬，约 15d。此期时马铃薯需水、肥最多的时期，是薯块生长大小和形成产量的关键时期。7d 浇水一次。为防止植株徒长和促进下部生长，封垄时每亩用 30g 多效唑对水 25kg 喷洒叶面。

11. 淀粉积累期

茎叶衰老变黄至植株 2/3 处为淀粉积累期，一般在 5 月下旬至 6 月上旬，茎叶不再生长，块茎体积不再增大，但块茎重仍然增大，此期是淀粉积累的主要时期，浇水不能过大，半沟水就能满足马铃薯需要。叶面肥用 KH_2PO_4 喷施，可促薯皮老化。

12. 收获期

收获前 5～10d 应停止浇水。当马铃薯上部叶茎变黄时，淀粉积累即为最高值，即可收获，一般在 6 月上中旬。收获时注意避免机械损伤。6 月中上旬成熟，轮作的下茬作物可以种植大豆、玉米、油葵等，如果 6 月下旬或以后收获，则可种植谷子、萝卜、菜花、白菜、大葱等。

13. 病虫害防治

河北省低平原区春种马铃薯主要病害有早疫病、晚疫病和黑胫病。苗期遇到低温多雨易发生晚疫病，可用 72% "霜脲·锰锌"可湿性粉剂或"甲霜灵锰锌"800 倍液进行防治；出苗至现蕾期容易发生"黑胫病"，田间发现病株要及时挖除并移除到地外，防治用"可杀得 2000"或农用链霉素等细菌性杀菌剂叶面喷洒并灌根 2 次；现蕾后遇高温干旱容易发生早疫病，发病初期可用 500 倍的"代森锰锌"或 600 倍的"大生"进行防治。

二、一水两用节水技术

在马铃薯成熟后期，即收获前 8～10d，可在垄沟灌浇少量的水，既可以满足马铃薯生长后期所需水分，易于收获，又可以为下茬作物谷子播种造墒。马铃薯收获可用专业收获机进行，收获速度要快，争取时间，防止晾墒跑墒。如果墒情较差，可用微喷带、定额灌溉机、喷灌等设备进行定额灌溉，灌溉量根据墒情来定，灌溉后 2~4d 应墒情适宜。尽量不用大水漫灌的方式进行浇灌，这种方式一是浪费水量；二是晾墒延误农时，遇到阴雨天还会因土壤含水量长时间过高影响整地播种。

三、谷子节水种植技术

因马铃薯的收获期在 6 月 10~25 日，谷子播种时间可在 6 月 25 日至 7 月 10 日进行。谷子种植技术基本与本章的第二节"油葵—谷子节水种植模式"相同，可参考该章节谷子种植技术内容。

第六章　抗旱节水制剂的应用

第一节　抗旱节水制剂的原理与种类

一、基本原理

抗旱节水制剂是节水农业技术中一项非常重要的辅助技术，它是利用现代化学技术提取、合成及生物技术手段研制成的制剂，具有操作简便、见效快、容易推广等优点，多年试验和生产实践证明它们对土壤、作物的水分具有较好的调控作用，既可以单独应用，也可以与其他常规的节水技术结合应用，不仅可以抵御土壤缺水干旱的威胁，还可以促进作物自身生长发育，适应不良环境的影响。多种抗旱制剂结合应用效果会更好。常见的抗旱节水制剂有以下几种。

1. 保水剂

保水剂也称高吸水树脂，它的主要作用是当土壤水分充盈时吸收和蓄积水分、保持水分，当土壤水分缺乏时则释放水分供给作物使用。

2. 节水抗旱种衣剂

主要用于种子包衣处理，不同类型的种衣剂作用侧重点不同，有的包衣剂可以在种子周围富集水分，有的可以促进作物根系发育，还有的可以降低幼苗的水分蒸腾损失。

3. 蒸腾抑制剂

这类制剂主要通过调节作物叶片气孔的开合度，从而来降低水分蒸腾达到节水的目的。

4. 液态膜

主要通过乳化、改性、聚合等技术形成的一种高分子材料，利用有机高分子物质在水的参与下形成一种液态成膜物质，这种物质对水分有调节控制作用，主要作用是抑制作物和土壤水分蒸发和蒸腾损失。

目前，农作物生产上应用较多的抗旱节水制剂有保水剂、蒸腾抑制剂、抗旱种衣剂，它们的应用原理是利用其本身对水分的调节控制机能，减少土壤水分蒸发，或抑制作物蒸腾，提高水分利用效率，增强作物抗旱能力，达到稳产丰产。

抗旱节水制剂适用于各类不同地区，对各种作物均有效，可根据不同气候环境、不同的生产需求，采取相应地使用方法，如拌种、浸种、包衣、灌根、喷施全株等均可，在一般情况下投入成本每亩土地在 5～10 元，且在大多数情况下对作物有一定的增产作用，因此，在经济效益上还是比较合算的。

由于当前的抗旱节水制剂都是环保型的，不会污染环境，不会损害人体健康，有些复合种衣制剂虽含有某些农药，但大多属于低毒产品，为无公害农药，符合国家低毒标准。

二、抗旱节水制剂的种类与应用

目前，在农业上应用的抗旱制剂主要有以下几类：它们作用对象不同，主要作用也不尽相同，详见表 6-1。

表 6-1 抗旱节水制剂一览

名称	作用对象	侧重范围	主要作用	特定名称
抗旱节水生化制剂	种子	种子	提高种子出苗率	抗旱出苗剂
保水剂	种子、幼苗、土壤	幼苗	提高幼苗成活率	抗旱促活剂
土壤保墒剂	种子、幼苗、土壤、苗木	土壤	提高作物壮苗率	抗旱壮苗率
黄腐酸（FA）抗旱剂	种子、幼苗、植株、土壤	植株	提高植株抗旱能力	抗旱促长剂

以上这些制剂在应用对象、使用时期、使用方法上各有不同，各自有所侧重，因此，在使用前需要首先明确每种制剂的特点及使用范围，然后根据自己的生产需要和目的，选择合适的抗旱制剂。如保水剂和抗旱种衣复合包衣剂主要在播种前对种子和幼苗进行拌种和蘸根处理，以保证出苗、保苗的目的；土壤保墒剂和土壤改良剂主要用于播后和移植对土壤的处理，目的是保墒和增温壮苗；黄腐酸抗旱剂和其他蒸腾抑制剂主要作用于植株叶片，已达到抑制蒸腾减少水分蒸发的目的。

第二节 作物抗蒸腾剂及应用

一、蒸腾抑制剂类型与原理

作物由土壤中吸收的水分有 90% 是由植株叶片或枝条的蒸腾作用而消耗掉，因此，对植株蒸腾作用的抑制可以减少作物体内水分流失。抑制蒸腾剂主要有以下 3 类。

①代谢型抗蒸腾剂，也称气孔关闭剂，这类制剂能使作物的气孔关闭或减少张开，这样就可以抑制蒸腾并参与作物代谢。

②薄膜型抗蒸腾剂，这类制剂能在叶片上形成一层膜，封闭气孔，从而阻止水分从叶片上蒸腾出去。

③反射性抗蒸腾剂，这类化合物对 $0.4 \sim 0.7\mu m$ 的辐射有一定的选择反射能力，降低叶片温度，从而减少蒸腾作用。

蒸腾抑制剂的化学成分主要是黄腐酸（简称 FA），它是利用我国丰富的风化煤资源，专门针对干旱和干热风而研制成功的一种新型抗旱剂，为我国首创。其分子量低，功能团更密集，有较强的生理活性。河南省科学院化学所、生物所与全国 10 多个单位协作首先研制成功了抗旱剂一号（FA），1982 年通过鉴定。通过大量研究，证明其可以"有旱抗旱，无旱增产"。20 世纪 90 年代继"抗旱剂一号"后，我国又研制了第二代黄腐酸抗旱剂—FA 旱地龙。由中国农科院农业气象研究所负责指导全国的推广工作。到目前为止，已证实黄腐酸类抗旱剂在农业上具有改良土壤理化性状，提高农药、化肥效力，刺激作物生长发育，增强作物抗逆性等效果。

黄腐酸为棕黑色粉或片状，无特殊气味，溶于水，呈微酸性，不腐蚀皮肤和容器，不污染环境，运输安全。其主要作用机理为：

1. 控制气孔开合度，降低蒸腾强度

在作物遭遇干旱，处于需水临界期时，叶片喷施黄腐酸能明显引起气孔开度减小，降低蒸腾。有研究表明，在小麦上喷施黄腐酸 2d 后，小麦蒸腾强度在 7d 内低于未喷施的，9d 内的总耗水率减少 6.3% ~ 13.7%，这说明叶片喷施黄腐酸对气孔开度和蒸腾的抑制作用非常明显。在玉米大喇叭口期喷施 0.1% 的黄腐酸后，植株叶片气孔开合度平均为 1.8μm，而未喷施的为 2.4μm，而且在喷药 20d 内都有效。由于降低了叶片的蒸腾作用，所以，减少了低下土壤水分的消耗，有资料显示，在玉米大喇叭口期喷施黄腐酸后，土壤 30cm 耕层的含水量均高于对照。

2. 促进根系生长，提高根系活力

由于黄腐酸中活性基因的含量较高，对植物有较强的刺激作用，因此，用黄腐酸拌种对作物根系有明显的促进作用，主要表现为根系发达、根密度大，总根重增加。表 6 - 2 为黄腐酸在小麦上的应用情况。

表 6 - 2 黄腐酸拌种对小麦根系生长的影响

处理	出苗（%）	基本苗（万株/亩）	越冬单株次生根（条）	总根重（可）
黄腐酸处理	85	19.8	9.4	10.9
未处理	75	17.5	6.1	8.8
增加	13.3	13.1	54.1	23.9

由表 6-2 可以看出，用黄腐酸处理后作物根系数量、总重都明显比未处理的有所提高。

3. 改善水分状况，提高抗旱能力

由于黄腐酸拌种对作物根系有明显的刺激作用，因此，在干旱情况下，作物可以通过发达的根系吸收和利用土壤深层水分，作物体内的含水量高于未处理的，这样就增强了植株对干旱的抗逆能力。

4. 增加叶绿素含量，增强光合作用

春季小麦在干旱情况下由于叶绿素含量下降叶片发黄，叶片喷施黄腐酸后，叶绿素含量明显提高，这种效应一直会持续到灌浆期，这对提高小麦光合能力，积累干物质是非常有利的。

5. 促进物质转化，减轻后期灾害

以小麦为例，在成熟期小麦容易受到干热风的危害，喷施抗旱剂一号后可以大大促进干物质向穗部运转，从而减轻干热风的危害。有研究表明，玉米喷施黄腐酸后，籽粒灌浆速度明显加快。

二、作物抗蒸腾剂的使用方法

以生产上应用较多的抗旱剂一号为例，抗旱剂一号（即黄腐酸）外观棕黑色，无特殊气味，易溶于水，易被作物吸收。它含有羟基、酚羟基、醌基等多种活性基团，因此，有很高的生理活性，对植株有较强的刺激作用，是一种新型的植株生理调节剂。它喷洒于植株叶片后可以在一定程度上缩小气孔

还开张度，从而减少蒸腾。

抗旱剂一号的使用最常见的有拌种和喷施，也可用于浸种和蘸根。

1. 拌种

（1）用量

以小麦、玉米为例，抗旱剂一号拌种用量为种子的0.4%，用水量为种子的10%，即种子：抗旱剂一号：水 = 50kg：200g：5kg。而对于稀植作物来说，如瓜类要减少药剂用量和水量。

（2）操作方法

先将抗旱剂一号溶解在适量的清水中，再将药液均匀喷散在种子上，搅拌均匀，使种子都被药液染黑，然后闷种 2～4h 后再播种。如果来不及播种，应及时将种子摊开，不要暴晒。在应用中要注意掌握药剂的浓度，浓度太低效果不好，浓度太高，会抑制出苗。若要与浓配和拌种，要先拌农药后再拌抗旱剂一号，但不要与碱性农药混用。

2. 叶面喷施

（1）用量及稀释方法

小麦及谷子等小粒作物，每亩用量 40～50g，对于玉米和甘薯则每亩用量 75～80g。对于果树最好稀释 400 倍喷施。

（2）喷施时期

一般在作物对缺水干旱最为敏感的时期喷洒效果较明显。小麦、谷子在孕穗期喷施是最佳期。因为孕穗期水分不足对产量影响最大。玉米在大喇叭口时期，甘薯在薯块开始膨大期，瓜类则在果实膨大期，苹果则最好在分别于花期、新梢旺长期、果实迅速膨大期和果实成熟期各喷施一次，共 4 次，极端干旱年份，分别在花期、新梢旺长期、新梢停长期、果实迅速膨大期和果实成熟期各喷施一次，共 5 次。

3. 注意事项

①抗旱剂 1 号无毒、无味、溶于水呈微酸性，不侵蚀皮肤和容器，溶解时可用手揉搓，以加快溶解速度，或提前 1～2d 用适量水浸泡，用时加水稀释到施用浓度。

②控制每亩用量最高不超 80g，最好用超低量喷雾器或弥雾机喷头加直径 0.75 毫米的弥雾片使之喷施均匀分布于叶面，并尽可能使作物叶背面受药，小麦要保证旗叶和倒 2 叶受药，玉米应保证穗部上下 3 片叶受药。

③喷药时间以上午 10:00 以前和下午 4:00 后为佳，在花期和雨天不宜用药。

④水质（水的硬度）对抗旱剂一号的药效有很大影响，水中的钙、镁离子能与它凝聚成絮状物而沉淀，从而降低其效果。因此，配药时应尽量采用洁净的软水、河水或硬度较小些的井水。

⑤目前市场上黄腐酸商品制剂有固体、液体和膏状物等不同剂型，要根据内附说明按一定配比制成水溶液。

三、抗蒸腾剂对旱地作物的应用技术与效果

1. 在冬小麦上的应用

黄腐酸不仅有抗蒸腾作用，还能促进根系发育、提高叶绿素含量和某些重要酶的活性以及对农药的协同作用。具体应用

技术如下。

播种前用黄腐酸抗旱剂拌种。这样对冬小麦出苗、越冬及早春返青生长、增加产量都有较好的作用。研究表明，用 FA 溶液对小麦种子拌种最优时间为 30 分钟，能够提高小麦的发芽率和促进小麦苗期生长。分析原因为黄腐酸能有效地促进种子内酶的活性，加速发芽过程中的生化反应，从而加快了幼苗的生长速度。

生长期用黄腐酸抗旱剂喷施。喷洒时期一般选在小麦孕穗期为好，其次在灌浆期，喷施黄腐酸抗旱剂能有效增加结实小穗，增加千粒重，增加产量。

2. 在夏玉米上的应用

研究表明在玉米拔节期（5～7 片叶）叶面喷施黄腐酸，浓度不同，对夏玉米生长和产量的影响也不一样。具体表现如下：施用浓度为 200mg/L 时能够明显促进植株生长，但浓度 ≥500mg/L 时会抑制植株生长；施用浓度 200～1 000mg/L 时能够促进夏玉米穗粒数增多，其中，浓度为 200mg/L 时促进作用明显，浓度 ≥500mg/L 时促进作用有所降低；施用浓度为 200～1 000mg/L 时均能够提高夏玉米的千粒重，但各浓度处理之间千粒重的差异不显著；施用浓度为 200～1 000mg/L 时能够明显提高夏玉米产量，但该施用浓度范围内产量差异不显著，其中，浓度为 200mg/L 时增产效果最好，由以上试验结果可以看出，从玉米植株生长、产量性状、籽粒产量和经济效益角度多方面考虑，一般黄腐酸的适宜喷施浓度 200mg/L，该浓度处理下能够明显促进夏玉米植株生长，穗粒数和籽粒产量均达到最大，千粒重明显提高，最终增产率达到最高。

3. 在葡萄上的应用

黄腐酸叶面喷施处理，在坐果期、幼果期各喷施黄腐酸抗旱龙一次，在果实膨大期喷 2 次，稀释 750 倍液，均匀喷施葡萄叶面和叶背，共喷施 4 次，黄腐酸用量 160g/亩，结果表明与对照组相比，每亩产量比对照组高 197.9kg，增产幅度达 13.92%，糖度比对照组高 1.04°，光泽度和品质好。

第三节　保水剂及其应用技术

一、保水剂的类型

保水剂是化学节水材料的一种，它又称高吸水树脂、有机高分子化合物，它能迅速吸收比自身重数百倍甚至上千倍的去离子水、数十倍至近百倍的含盐水分，而且具有反复吸水功能，吸水后膨胀为水凝胶，可缓慢释放水分供作物吸收利用，从而增强土壤保水性，改良土壤结构，减少水的深层渗漏和抑制土壤养分流失，提高水分、养分利用效率。当土壤加入保水剂后，由于土壤吸水量大，储水量多，水土流失会大大减少，溶解的肥料元素也就很少流失，加上保水剂是高分子网状结构，具有大量亲水性基团，这些亲水性基团有吸附肥料元素中的阴离子，并可吸收肥料中的极性基团、有机物及有机高分子肥料。这些肥料元素被吸收在吸水性混合土壤中，固定不会流失，能长期保存在土壤中，并且缓慢释放，随水分被植物吸收，使肥效大大提高，所以使用保水剂是调节土壤水、热、气平衡，改善土壤结构，提高土壤肥力和保持水土的一种有效手段。

1964 年，美国首先研制出保水剂并于 20 世纪 70 年代中期将其利用于玉米、大豆种子涂层、树苗移栽等方面。1974 年保水剂在美国实现了工业化生产。但日本随后重金购买了其专利，并在此基础上迅速赶上并超过了美国。我国的保水剂开发与应用研究开始于 80 年代初期，但发展速度较快。目前，已有 40 多个单位进行研制和开发，一批新型的保水剂产品陆续问世。20 世纪末河北保定市科瀚树脂公司科技人员采用生物实验技术研制成功"科瀚 98"系列高效抗旱保水剂，该产品吸水倍率高，有颗粒型、凝胶型两种剂型。最近还研制生产出一种利于干旱无水条件下，保证植物成活的蓄水能力很强的、含水量高达 99.5% 的透明胶状物质——"沙漠王"固体水（又叫干水）。另外，唐山博亚高效抗旱保水剂 "永泰田"保水剂等新型保水剂产品也投入了工业化生产，陕西杨凌惠中科技开发公司也研制出吸水率达 1 500 倍的保水剂并投入批量生产。

保水剂产品的种类繁多，从原料方面分，有淀粉系（淀粉—聚丙烯酰胺型、淀粉—聚丙烯酸型、淀粉—聚丙烯蜻接枝共聚物）、纤维素系（狡甲基纤维素型、纤维素型）、合成聚合物系（聚丙烯酸型、聚乙烯醇型、聚丙烯肺型、聚环氧乙烷系等）。目前，应用的保水剂主要是高分子类聚合物。按高分子分类，可分为天然高分子类和合成高分子类，天然高分子类主要以淀粉系列为主，即用天然高分子原料与合成单体接枝共聚，合成高分子类主要以丙烯酸类和聚乙烯醇类为主，用合成单体经交联共聚制得。

二、保水剂的特性与作用机理

1. 保水剂的吸水、保水性

保水剂的吸水是由于高分子电解质的离子排斥所引起的分子扩张和网状结构引起阻碍分子的扩张相互作用所产生的结果。这种高分子化合物的分子链无限长的连接着，分子之间呈复杂的三维网状结构，使其具有一定的交联度。在其交联的网状结构上有许多亲水性官能团，当它与水接触时，其分子表面的亲水性官能团电离并与水分子结合成氢键，通过这种方式吸持大量的水分（图6-1）。保水剂能吸收自身重量几十倍、几百倍甚至几千倍的去离子水，其吸水能力与其组成、结构、粒径大小、水中盐离子浓度及 pH 值有关。保水剂适宜应用的 pH 值范围一般为 5~9，pH 值过大或过小都可使其吸水能力下降。保水剂所吸收的水大部分是可被植物利用的自由水。保水剂的三维网状结构，使所吸水分被固定在网络空间内，吸水后保水剂变为水凝胶，其吸收的水分在自然条件下蒸发速度很慢，而且加压也不易离析。

保水剂同时具有线性和体型两种结构，由于链与链之间的轻度交联线性部分可自由伸缩，而体型结构却使之保持一定的强度，不能无限制地伸缩，因此，保水剂在水中只膨胀形成凝胶而不溶解。当凝胶中的水分释放完以后，只要分子链未被破坏，其吸水能力仍可恢复，再吸水时又膨胀，释水时收缩。因此，保水剂具有反复吸水功能，即吸水—释水—干燥—再吸水。据室内测定，保水剂经过多次反复吸水，一般吸水倍数下降 50%~70% 后而趋于稳定。保水剂的有效持续性与其本身性质、土质及用量有关。

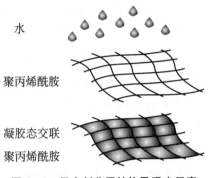

水

聚丙烯酰胺

凝胶态交联
聚丙烯酰胺

图 6-1　保水剂分子结构及吸水示意

2. 保水剂的保肥性

保水剂应用于土壤，不但能起到保水、保土还能起到保肥作用。研究表明，水剂表面分子有吸附、离子交换作用，保水剂对 $K+NH4+$ 和 $NO3-$ 有较强的吸附作用，从而降低了其流失量，并且在一定的范围内随着保水剂用量的增加，养分流失量减少。一方面，在土壤中的养分较充分时，它吸附养分，起保蓄作用；另一方面，当植物生长需要土壤供给养分时，保水剂将其吸附的养分通过交换作用供给植物。由此可以看出，通过施用土壤保水剂，使土壤中养分的供给与植物对养分的需求更加同步。保水剂能大幅度提高土壤持水量，同时，对提高肥料利用率有一定的作用。国内外学者对保水剂的保肥作用进行了大量的研究。结果表明，在不同土壤中加入保水剂可增加对肥料的吸附作用，减少肥料的淋失。保水剂对氨态氮有明显的吸附作用。田间试验证明，保水剂与氮肥或氮、磷肥配合使用，吸氮量和氮肥利用率分别提高 18.27% 和 27.06%。保水剂与氮磷肥混施时，磷肥利用率从 16.49% 提高到 20.91%。保水剂还可抑制土壤容易的盐分累积。

但需注意的是，盐分、电解质肥料能剧烈降低保水剂的吸水性，有些肥料元素会使保水剂失去亲水性，降低保水能力，研究表明，电解质肥料如硝酸铵等一些速效肥料可以降低保水剂的效果，最好施用缓释肥，而尿素属于非电解质肥料，使用尿素时保水剂的保水保肥作用都能得到充分发挥，是水肥耦合的最佳选择。保水剂不能与锌、锰、镁等二价金属元素的肥料混用，可与硼、钼、钾、氮肥混用。保水剂的保水效果还与土壤质地有关，特别对粗质地的土壤保水效果最好。

3. 保水剂可以改善土壤结构，提高土壤吸水、保水能力

保水剂施入土壤中，随着它吸水膨胀和失水收缩的规律性变化，可使周围土壤由紧实变为疏松，孔隙增大，从而在一定程度上使土壤的通透状况得到改善。试验表明：保水剂对土壤团粒结构的形成有促进作用，特别是可使土壤中 0.5~5mm 粒径的团粒结构增加显著。同时，随着土壤保水剂含量的增加，土壤中大于 1mm 的大团聚体胶结状态较多，这对稳定土壤结构，改善通透性，防止表土结皮，减少土面蒸发有重要作用。因此，保水剂不但是一种吸水剂，它也是一种新型的土壤改良剂。保水剂在土壤中吸水膨胀，把分散的土壤颗粒黏结成团块状（图 6-2、图 6-3），对调节土壤固、液、气三相平衡，提高土壤总孔隙度，改善其通透性，调节土壤中的水、气、热状况，给作物生长创造一个良好的环境有重要作用。

图 6 - 2　未加保水剂的土壤结构　　图 6 - 3　加保水剂的土壤结构

土壤的水分蒸发是农田土壤水分损失的主要原因，研究表明，保水剂加入土壤中可以减少水分的无效蒸发。

4. 保水剂的安全性

保水剂的水溶液呈弱酸性或弱碱性，无刺激性。经大量动物试验和农业试验证明：用于食品、医药卫生等方面的保水剂安全无毒；用于农林业方面的保水剂不会改变土壤的酸碱度。

5. 保水剂对土壤有一定的保温性

所吸水分分散在保水剂内部，该部分水分可保持部分白天光照产生的热能，从而调节夜间温度，使土壤的昼夜温差减小，有利于植物生长。

三、保水剂的使用方法

1. 种子包衣

用保水剂水凝胶进行拌种，在种子表面形成一层保水剂水凝胶的保护膜，或将保水剂与微量元素、化肥、农药等混合制成种子包衣的方法可大大减少保水剂的施用量，提高出苗率，并可获得显著的增产效果。实践证明，这是一种非常行之有效的方法。具体制作方法有以下两种。

（1）按保水剂重量百分比浓度配制

例如，保水剂与水的重量之比为 1：99，也就是 1kg 保水剂加水 99kg，这样配制的浓度就是 1%，通常作物种子的保水剂拌种浓度为 0.5%～2%。

（2）按种子重量配制

针对不同的作物，不同的种子重量，使用一定重量的保水剂。通常按种子：保水剂：水 = 100：1：（50～200）配比，也就是在 25～100kg 水中加入 0.5kg 保水剂，用于 50kg 种子拌种。具体配制方法为：先称好一定重量的保水剂，然后放入事先称好的一定量的水中，均匀搅拌使之全部溶于水形成凝胶状，再将一定会比例的种子全部浸入，充分混合并放一段时间，然后捞出放在在地上进行摊晾，等种子表面形成一层薄膜包衣后即可。对于一些籽粒较小的种子有时会形成团块，要用手搓开，以利播种。

2. 施入土壤

（1）地表撒施

每亩用保水剂 7～10kg 直接撒于地表，这样就在地表面形成一层保水膜，从而抑制土壤水分蒸发。由于保水剂价格较高，这种方法不适于大田应用，而主要用于盆栽试验及小区试验，也可用于经济效益较高的珍贵植物。

（2）穴施和沟施

随开沟或挖穴施入，主要用于移栽。也可以在播种时随种子一起施入入土壤。

3. 施入育苗基质

在进行一些作物幼苗培育时，可以在基质中加入保水剂，保水效果明显。

四、保水剂在不同作物上的应用效果

1. 小麦

保水剂试验用量范围内能使冬小麦提前出苗 1~4d，出苗率提高 10%~30%，延迟作物凋萎 3d 和延长作物枯萎出现的时间 1~5d，小麦增产 18.8%。

2. 棉花

用保水剂预处理棉种，不管在任何质地的土壤中，土壤含水率只要在棉种萌发最低含水率之间（7.44%~13.5%）都促进棉种萌发，处理比对照早出苗 2~3d。棉花产量比对照平均高 11%~21%。试验证明，采用江西九江旱克星土壤保水剂掺细土（1:30）根部 5cm 穴施，随后点播棉花种子，每穴 3~5 粒。得出施用保水剂后的棉花产量有大幅度的提高，其中，2kg/亩可提高产量 48.10%，与其他保水剂处理比较，达到显著水平（P<0.05）。随着保水剂施用量的增加，棉花产量有所提高，但在施用量超过 2kg/亩时，产量呈下降趋势，因此，施用时需注意施用量。

3. 果树

土壤保水剂改善了旱地果园土壤水分的条件，不同程度地提高了土壤中肥料、特别是微量元素肥料在土壤中的溶解和果树根系的吸收，从而促进了树体的生殖生长和营养生长，保水剂处理的果实体积明显高于对照，果实体积增长幅度平5.6%；保水剂处理的果实生长速率也高于对照，提高幅度为1.7%~29.6%；保水剂处理的相对于对照产量提高8.0%。

4. 玉米

保水剂对玉米的生长有明显的促进作用，主要表现为：

①玉米苗期施用保水剂，可以促进玉米苗期的生长发育。

②施用保水剂的各处理出现萎蔫的时间均比对照延迟。

③施用保水剂的各处理，玉米根系的生长显著提高。

④施用保水剂可以促进植株地上部的生长，生物量均较对照有明显增加，株高各处理平均比对照高13cm，茎粗增加了22%，光合作用叶面积是对照的1.79倍，使玉米光合能力得到了加强。

5. 马铃薯

施用保水剂能提高马铃薯的产量和商品薯率，其中，对商品薯率的效果显著。施用的时间和方式以苗期穴施为宜，施用量以亩用量2kg最佳，其产量和商品薯率分别比对照高出5.26%~27.30%，204.46%~237.50%。保水剂增加土壤团聚体结构，利于地下匍匐茎的生长发育，同时，保水剂具有快速吸水、保水、缓慢释水的特性，把苗期土壤中多余的水分吸收并保持起来，既为苗期的生长提供适宜的土壤水环境，又为后期的需水关键期储存了必要的水分。

五、注意事项

①保水剂不是造水剂，不是万能的，不能认为使用了保水

剂就不需要灌水，或加大保水剂施用量就能大量保存土壤水分。保水剂必须具备一定水分条件才能充分发挥其保水作用，从而达到节水增产的效果。施用保水剂要因地制宜。保水剂最适宜在年降水不超过 400～600mm 干旱或季节性干旱的地区使用。年降水 250～300mm 以下且无浇水条件的干旱地区就不宜使用。在灌溉保证率高的地区，施用保水剂拌种的效果在灌水量较大的情况下增产效果明显，在灌溉条件较差的地区应慎用，特别是保水剂与土壤混施，在土壤极度干旱的情况下，可能会发生保水剂与作物争水的现象。旱作物无浇水地区应在雨季前使用，含盐较高地区（尤其是水质硬度较高），保水剂的吸水能力会明显下降。施用保水剂的节水增产效果，只有在一定的土壤水分条件下才能实现。另外，保水剂的保水效果还受到保水剂的施用方式的制约。保水剂是一种高科技产品，要有一定的经济投入。从保水剂的施用方法上来看，拌种处理保水剂用量较少，但对土壤水分的贡献不大，而沟施处理可大幅度提高土壤含水率，但成本相对较高，还应视当地水价、种植结构进行经济上的比较分析。另外，在玉米、小麦等传统作物上应用该产品，由于粮食价格较低，增收效益可能不明显，如在附加值较高的种植业，如花卉、蔬菜、瓜果生产中应用，经济效益应该更好。

②保水剂的使用寿命在两年左右，保水剂保管中要注意防潮、防晒。保水剂的吸水倍率通常 300 以上，它能吸收空气中的水分，随着放置时间的增加，在包装物内结块，给使用造成不便，但保水剂吸潮不影响其品质。保水剂遇强紫外线照射会很快降解，严重影响其寿命、效果。因此，运输、储藏过程中

应尽量避免长时间日光照射。

③保水剂因原料和合成方法的不同，其性能各有差别。各种保水剂虽具一定的广谱性，但并不能任意使用。选择保水剂，首先要保证其安全性，不能对植物及土壤造成危害。农、林业一般宜选用钾盐和胺盐类的保水剂，例如，选用聚丙烯酸盐，特别是聚丙烯酸钠类的保水剂会造成土壤板结、盐渍化；再如，对施用于土壤和用于蓄纳雨水的目的，可选用颗粒状、凝胶强度高的保水剂；而用于苗木蘸根、移栽、拌种等以提高树木成活率为目的的，就可选用粉状、凝胶强度不一定很高的保水剂，以降低成本。

第四节 抗旱节水种衣剂

一、抗旱种衣剂的类型与作用机理

抗旱种衣剂是以突出抗旱节水为主要目的的一项多功能的抗旱保苗复合制剂，是目前处理种子的一项最重要的技术，它汇集了防旱抗旱技术、农药杀虫剂、杀菌剂技术、常、微肥技术以及植物生长调节剂技术，从而具有了多功能如抗旱节水、种子杀菌消毒、防病防虫、壮苗早发、增效缓释及促进生长发育和增加产量等，特具有用量低，效果好的特点。

目前的抗旱种衣剂主要有两种类型，一种是具有物理保水性能的抗旱种衣剂，它采用高吸水树脂为原料，这种原料吸入水分后，就会变成一种凝胶状物质，这种物质包在种子表层，来达到保水抗旱的目的，如以保水剂为主要成分制成的种衣剂，其作用原理主要利用了保水剂的吸水保水原理，这在上一节中已有介绍，在此不再详述。另一种是具有生理抗旱性能的抗旱种衣剂，生理型抗旱种衣剂的主要成分有：植物生长调节剂，杀菌剂，杀虫剂等，它的作用原理首先是通过利用种衣剂中所含有杀菌剂、杀虫剂使真菌、地下害虫不侵害种子，在短时间干旱的情况下，延长了种子在土壤中的存活时间，当水分充足时，种子仍会正常出芽。其次，是在种子出芽后。种衣剂中的植物生长调节剂可以帮助作物抗旱。使用了种衣剂的种子，在生长调节剂的作用下，加快了根部细胞分裂、延长，使作物及早生根，发达的根系可以使作物即使在干旱的情况下，也能从更深土层中吸收更多的水分，利于自身生长发育。在作物生长中期，种衣剂不仅仅刺激根系发育，作物出芽后，它还可以帮助抵御干旱。同样是因为生长调节剂的作用，它可以刺激作物脱落酸的产生，脱落酸是一种植物激素，在干旱情况发生时，脱落酸最先感应到，它就像一个信使那样，立刻携带着这种干旱信息从根部传递到地上部，叶片得到干旱信息后，气孔缩小，从而减少了作物蒸腾损失，有效抵御干旱。

抗旱种衣剂主要作用机理有以下几点。

1. 富集水分

抗旱节水种衣剂主要物质为保水剂，因此具有较强的吸水能力，高度的保水力，成膜包衣种子播于地下后，能吸收周围土壤水分，以供种子发芽出苗所用，作物水分利用率提高 7%~30%，作物提前 2~3d 出苗，出苗率提高 15%，这对旱地播种具有重要意义。

2. 刺激种子萌发、促进根系发育、促进作物生长

抗旱节水种衣剂中含有植物生长调节物质，可以促进种子萌发，促进根系发育，幼苗根系长度一般较未施的长 10% 以上。而且由于种衣剂中还有一些微量元素，植株生长会更加苗壮。

3. 缓释增效

种衣剂中有少量杀虫剂和杀菌剂，在土壤中可以防止种子发病，保证出苗，即使出苗后仍可以发挥保护作物的作用，从而使有效期长达 40~60d。

二、节水抗旱种衣剂的使用方法与效果

1. 节水抗旱种衣剂的使用方法

（1）人工包衣法

当种子数量不是太多时，可采用人工方法进行包衣。

用抗旱种衣剂拌种时，一般按种衣剂与种子 1∶50 的比例使用，即 1kg 种衣剂，50kg 种子。使用前要注意在通风良好的室内或户外进行操作。下面就以玉米种子为例，介绍两种人工包衣方法。

在使用抗旱种衣剂的时候，要注意穿好防护衣物，带帽子、口罩、手套，防止药剂接触到皮肤、眼睛，并且禁止吸烟、吃东西。

①铁锅或大盆包衣法：首先把铁锅或大盆，清洗干净，然后晾干或者擦干，使其保持清洁干燥。将大盆放好，称量出 5kg 玉米种子，把称量好的种子倒入盆内，然后打开抗旱种衣

剂的瓶盖，将一瓶 100g 的抗旱种衣剂迅速倒入盛放种子的大盆中，倒完之后，用铁锹不断地快速翻动、搅拌，直到看到所有的种子周围都包有绿色的种衣剂，就表明已经包衣均匀了。拌匀后的种子不需要晾晒，取出直接装袋阴干备用。如果要过一段时间使用，则要把种子放在阴凉通风处，防止受潮。

②塑料袋包衣法：在种子量较少时，使用塑料袋包衣即可，种衣剂和种子仍然按照 1∶50 的比例混合使用。首先把适量的种子倒入塑料袋内，再迅速倒入种衣剂，然后扎上袋口，用双手快速晃动袋子，使种子和种衣剂充分混合，大约 1min 后，可以看到所有的种子都变成了绿色，说明包衣均匀，拌匀后将种子倒出留作种用。

（2）机械包衣

也可以用简单的小型包衣机进行包衣。首先，把种子倒入包衣机内，然后启动电源，在包衣机旋转的时候，倒入种衣剂，还是按照药与种子 1∶50 的比例，这次要缓缓、均匀地倒入，让种衣剂与种子随着包衣机的转动，充分混合。大约两分钟后，所有种子都变成绿色，说明包衣均匀。把包好衣的种子倒入袋中，放置在阴凉通风处，留作种用。

（3）储存方法

抗旱种衣剂要包装储存于干燥、阴凉、通风处，处理后的种子禁止人畜使用，也不要与未处理的种子混合或一起存放，远离食物与饲料，避免儿童、家畜等接触。所有接触过的器具使用后均应仔细清洗。如果不慎溅入眼中，请立即用大量清水冲洗。如因不小心或使用不当引起中毒，请立即携带抗旱种衣剂的标签就医，医生会对症处理。

包衣种子播种方法与普通种子相同。

2. 节水抗旱种衣剂的使用效果

抗旱种衣剂适用范围广，可用于谷类作物如玉米、小麦、高粱、水稻、大麦、燕麦等；牧草如苜蓿、羊草等所有牧草；经济作物如棉花、花生等；蔬菜如瓜类蔬菜、茄科类蔬菜、甘蓝类蔬菜、豆类蔬菜等。抗旱种衣剂适用的地区很广，即便在非干旱的地区也可以使用，可以提高养分的利用效率，防治农作物病虫害。

（1）对种子萌发的影响

利用以保水剂为节水抗旱主要成分的抗旱种衣剂拌种后，在种子表面形成一层比较牢固的薄膜，播于土壤中后，种衣剂会在种子周围富集水分。山西省寿阳试验地的结果表明，种衣剂处理的种子，即便由于干旱不能发芽，种子也不腐烂，当土壤湿度适宜发芽时，种子依旧能萌发。而且使用过种衣剂的玉米根系发达，吸收养分充足。在干旱情况下，出苗率仍然达到85%。没使用种衣剂的出苗率仅为42%。通过实验田与普通玉米对照试验，它对作物的病害如黑粉病、丝黑穗病等，防治效果达到95%以上。研究表明，玉米使用抗旱种衣剂进行包衣后播种，在土壤水分仅为12%的条件下，出苗时间会提前2~3d，出苗率提高13%~20%，大量数据证明，节水抗旱种衣剂在保持种子活力，在对抗逆境等方面具有很好的效果。

（2）对作物根系发育的影响

通过对不同玉米品种的种子用腐殖酸型抗旱种衣剂和普通种衣剂及不包衣进行处理，观察它们苗期根系发育时主根、侧根的数量以及株高时发现，采用抗旱种衣剂包衣的种子的主根长、次生根数量和长度及鲜重，均多于用普通种衣剂处理和未处理的种子。

（3）对作物产量的影响

全国多地不同作物应用抗旱种衣剂试验结果表明，用抗旱种衣剂处理的作物出苗快、作物根系发达，提高了作物水分养分利用效率，刺激了作物生长，增强了抗旱能力。节水抗旱种衣剂的增产效果，见表6-3。

表6-3 节水抗旱种衣剂增产效果

作物	对照 （kg/亩）	种衣剂处理 （kg/亩）	产量提高幅度 （%）
冬小麦	449	508.72	13.3
玉米	481	525.25	9.2
谷子	273	447.72	64

从表6-3中种衣处理的作物均有不同程度的增产，其中，谷子增产最为显著，幅度也最大，其次是小麦和玉米。

在农业种植中要达到抗旱高产，高效增收，就必须依靠综合的科学技术，根据不同的地理气候环境确定较为先进的栽培、耕作、排灌、施肥、施药技术。抗旱制剂的应用，能根据作物的生理需要在水肥使用上精打细算，将保水剂、抗蒸腾剂、抗旱种子包衣剂、有机肥、化肥、农药、微量元素、降雨、灌溉等有机结合起来，根据植物不同生育时期的需要，进行科学合理的混施，实践证明，会起到很好的增产效果。

第七章　河北省低平原区节水作物品种特征特性简介

第一节　玉米节水品种简介

一、衡单 6272

1. 品种来源

选育单位：河北省农林科学院旱作农业研究所。

亲本组合：H462 × H72。

审定时间：2011 年 3 月，通过河北省农作物品种审定委员会审定，审定编号：冀审玉 2011006 号。

2. 主要特征特性

幼苗叶鞘紫色。成株株型紧凑，株高 261cm，穗位126cm，全株叶片数 22 片，生育期 105d 左右。雄穗分枝12 ~ 16 个，花药黄色，花丝紫色。果穗筒形，穗轴白色，穗长16.5cm，穗行数 14 行，秃尖 0.4cm。籽粒黄色，半马齿型，千粒重 339g，出籽率 86.6%。2010 年，农业部谷物品质监督检验测试中心测定，籽粒粗蛋白质（干基）9.29%，粗脂肪4.59%，粗淀粉74.82%，赖氨酸0.28%。

抗病性：河北省农林科学院植物保护研究所鉴定，2008年抗矮花叶病，中抗茎腐病，感小斑病、大斑病和瘤黑粉病；2009年中抗小斑病、大斑病和茎腐病，感瘤黑粉病，高感矮花叶病。

3. 产量表现

2008年，河北省夏玉米高密组区域试验平均亩产741kg，2009年同组区域试验平均亩产644kg。2010年同组生产试验平均亩产636kg。

4. 栽培技术要点

适宜播期6月8～20日，种植密度4 200株/亩左右，铁茬播种，播后浇蒙头水。施肥以基肥为主，亩施氮磷钾复合肥20kg，大喇叭口期亩追施尿素20kg。播后及时喷施除草剂，在可见叶9～11片时喷施金得乐，防止倒伏发生。

5. 推广意见

建议在河北省唐山、廊坊市及其以南的夏播玉米区夏播种植。

二、郑单958

1. 品种来源

选育单位：河南省农业科学院粮食作物研究所。

亲本组合：郑58×昌7—2。

审定时间：2000年，通过国家农作物品种审定委员会审定，审定编号：国审玉 20000009。

2. 主要特征特性

幼苗叶鞘紫色，生长势一般，株型紧凑，株高 246cm 左右，穗位高 110cm 左右，雄穗分枝中等，分枝与主轴夹角小。果穗筒形，有双穗现象，穗轴白色，果穗长 16.9cm，穗行数 14～16 行，行粒数 35 个左右。结实性好，秃尖轻。籽粒黄色，半马齿型，千粒重 307g，出籽率 88%～90%。属中熟玉米杂交种，夏播生育期 96d 左右。抗大斑病、小斑病和黑粉病，高抗矮花叶病，感茎腐病，抗倒伏，较耐旱。籽粒粗蛋白质含量 9.33%，粗脂肪 3.98%，粗淀粉 73.02%，赖氨酸 0.25%。

3. 产量表现

1998 年、1999 年参加国家黄淮海夏玉米组区试，其中，1998 年 23 个试点平均亩产 577.3kg，比对照掖单 19 号增产 28%，达权显著水平，居首位；1999 年 24 个试点，平均亩产 583.9kg，比对照掖单 19 号增产 15.5%，达极显著水平，居首位。1999 年在同组生产试验中平均亩产 587.1kg，居首位，29 个试点中有 27 个试点增产 2 个试点减产，有 19 个试点位居第一位，在各省均比当地对照品种增产 7% 以上。

4. 栽培技术要点

5 月下旬麦垄点种或 6 月上旬麦收后足墒直播；密度 3 500 株/亩，中上等水肥地 4 000 株/亩，高水肥地 4 500 株/亩为宜；苗期发育较慢，注意增施磷钾肥提苗，重施拔节肥；大喇叭口期防治玉米螟。父母本行比为 1∶(4～5)；母本播后 2～4d 播第一期父本 (1/2)，第二期父本 (1/2) 在第一期父本播后 2～5d 播种。密度母本夏播区 4 500～5 000 株/亩，春播区 5 000 ~ 5 500 株/亩；父本 1 000 ~ 1 500 株/亩。

5. 推广意见

黄淮海夏玉米区。

三、农华 101

1. 品种来源

选育单位：北京金色农华种业科技有限公司。

亲本组合：NH60 × S121。

审定时间：2010 年，通过国家农作物品种审定委员会审定，审定编号：国审玉 2010008。

2. 主要特征特性

在东华北地区出苗至成熟 128d，与郑单 958 相当，需有效积温 2 750℃左右；在黄淮海地区出苗至成熟 100d，与郑单 958 相当。幼苗叶鞘浅紫色，叶片绿色，叶缘浅紫色，花药浅紫色，颖壳浅紫色。株型紧凑，株高 296cm，穗位高 101cm，成株叶片数 20 ~ 21 片。花丝浅紫色，果穗长筒形，穗长 18 厘米，穗行数 16 ~ 18 行，穗轴红色，籽粒黄色、马齿型，百粒重 36.7g。经丹东农业科学院和吉林省农业科学院植物保护研究所接种鉴定，抗灰斑病，中抗丝黑穗病、茎腐病、弯孢菌叶斑病和玉米螟，感大斑病；经河北省农林科学院植物保护研究所接种鉴定，中抗矮花叶病，感大斑病、小斑病、瘤黑粉病、茎腐病、弯孢菌叶斑病和玉米螟，高感褐斑病和南方锈病。经农业部谷物及制品质量监督检验测试中心（哈尔滨）测定，籽粒容重 738g/L，粗蛋白含量 10.90%，粗脂肪含量 3.48%，粗淀粉含量 71.35%，赖氨酸含量 0.32%。经农业部谷物品质监督检验测试中心（北京）测定，籽粒容重 768g/L，粗蛋白含量，粗脂肪含量，粗淀粉含量，赖氨酸含量。

3. 产量表现

2008—2009 年参加东华北春玉米品种区域试验，两年平均亩产 775.5kg，比对照郑单 958 增产 7.5%；2009 年生产试验，平均亩产 780.6kg，比对照郑单 958 增产 5.1%。2008—2009 年参加黄淮海夏玉米品种区域试验，两年平均亩产 652.8kg，比对照郑单 958 增产 5.4%；2009 年生产试验，平均亩产 611.0kg，比对照郑单 958 增产 4.2%。

4. 栽培技术要点

在中等肥力以上地块栽培，东华北地区每亩适宜密度 4 000 株左右，注意防治大斑病；黄淮海地区每亩适宜密度 4 500 株左右，注意防止倒伏（折），褐斑病、南方锈病、大斑病重发区慎用。

5. 推广意见

适宜在北京市、天津市、河北省北部、山西省中晚熟区、辽宁省中晚熟区、吉林省晚熟区、内蒙古自治区赤峰地区、陕西省延安地区春播种植，山东省、河南省（不含驻马店）、河北省中南部、陕西省关中灌区、安徽省北部、山西省运城地区夏播种植，注意防止倒伏（折）。

四、登海 605

1. 品种来源

选育单位：山东登海种业股份有限公司。

亲本组合：DH351×DH382。

审定时间：2010年，通过国家农作物品种审定委员会审定，审定编号：国审玉2010009。

2. 主要特征特性

在黄淮海地区出苗至成熟101d，比郑单958晚1d，需有效积温2 550℃左右。幼苗叶鞘紫色，叶片绿色，叶缘绿带紫色，花药黄绿色，颖壳浅紫色。株型紧凑，株高259cm，穗位高99cm，成株叶片数19~20片。花丝浅紫色，果穗长筒型，穗长18cm，穗行数16~18行，穗轴红色，籽粒黄色、马齿型，百粒重34.4g。经河北省农林科学院植物保护研究所接种鉴定，高抗茎腐病，中抗玉米螟，感大斑病、小斑病、矮花叶病和弯孢菌叶斑病，高感瘤黑粉病、褐斑病和南方锈病。经农业部谷物品质监督检验测试中心（北京）测定，籽粒容重766g/L，粗蛋白含量9.35%，粗脂肪含量3.76%，粗淀粉含量73.40%，赖氨酸含量0.31%。

3. 产量表现

2008—2009年参加黄淮海夏玉米品种区域试验，两年平均亩产659.0kg，比对照郑单958增产5.3%。2009年生产试验，平均亩产614.9kg，比对照郑单958增产5.5%。

4. 栽培技术要点

在中等肥力以上地块栽培，每亩适宜密度4 000~4 500株，注意防治瘤黑粉病，褐斑病、南方锈病重发区慎用。

5. 推广意见

适宜在山东省、河南省、河北省中南部、安徽省北部、山西省运城地区夏播种植，注意防治瘤黑粉病，褐斑病、南方锈病重发区慎用。

五、先玉335

1. 品种来源

选育单位：美国先锋公司。

亲本组合：PH6WC×PH4CV。

审定时间：2004年，通过国家农作物品种审定委员会审定，审定编号：国审玉2004017。

2. 主要特征特性

该品种田间表现幼苗长势较强，成株株型紧凑、清秀，气生根发达，叶片上举。其籽粒均匀，杂质少，商品性好，高抗茎腐病，中抗黑粉病，中抗弯孢菌叶斑病。田间表现丰产性好，稳产性突出，适应性好，早熟抗倒。在黄淮海地区生育期98d，比对照农大108早熟5～7d。幼苗叶鞘紫色，叶片绿色，叶缘绿色。成株株型紧凑，株高286cm，穗位高103cm，全株叶片数19片左右。花粉粉红色，颖壳绿色，花丝紫红色，果穗筒形，穗长18.5cm，穗行数15.8行，穗轴红色，籽粒黄色，马齿型，半硬质，百粒重34.3g。经河北省农科院植保所两年接种鉴定，高抗茎腐病，中抗黑粉病、弯孢菌叶斑病，感大斑病、小斑病、矮花叶病和玉米螟。经农业部谷物品质监督检验测试中心（北京）测定，籽粒粗蛋白含量9.55%，粗脂肪含量4.08%，粗淀粉含量74.16%，赖氨酸含量0.30%。经农业部谷物及制品质量监督检验测试中心（哈尔滨）测定，籽粒粗蛋白含量9.58%，粗脂肪含量3.41%，粗淀粉含量

74.36%，赖氨酸含量 0.28%。

3. 产量表现

2002—2003 年参加黄淮海夏玉米品种区域试验，38 点次增产，7 点次减产，两年平均亩产 579.5kg，比对照农大 108 增产 11.3%；2003 年参加同组生产试验，15 点增产，6 点减产，平均亩产 509.2kg，比当地对照增产 4.7%。

4. 栽培技术要点

适宜密度为 4 000~4 500 株/亩，注意防治大斑病、小斑病、矮花叶病和玉米螟。夏播区麦收后及时播种，适宜种植密度：3 500~4 000 株/亩，适当增施磷钾肥，以发挥最大增产潜力。春播区，造好底墒，施足底肥，精细整地，精量播种，增产增收。

5. 推广意见

适宜在河南省、河北省、山东省、陕西省、安徽省、山西省运城夏播种植，大斑病、小斑病、矮花叶病、玉米螟高发区慎用。

第二节　小麦品种简介

一、衡观 35

1. 品种来源

该品种是由河北省农林科学院旱作农业研究选育成的矮秆、大穗、高产新品种，抗旱节水性突出，产量高、增产潜力大，适应性强，应用范围广，是目前生产上节水高产新的类型品种。2004 年通过河北省审定，审定号为：冀审麦 2004003。2006 年通过国家审定，审定号为：国审麦 2006010。并申请国家植物新品种权保护，公告号为：CNA001769E。

2. 主要特征特性

该品种属半冬性中早熟品种，株型紧凑叶片较上冲，分蘖力中等，株高 68 ~ 72cm，茎秆粗壮，高抗倒伏，高抗纹枯、白粉、叶锈，抗干热风落黄好；结实性强，长方穗较粗，小穗排列较密，白粒、硬质；籽粒饱满，容重 816g/L，蛋白质含量 14.92%，湿面筋 33.4%，稳定时间 3.5min，适合做饺子面条专用。

3. 突出特点

高产稳产。多年多点试验，示范，一般亩产 500 ~ 550kg，最高 700kg，国家区域试验中两年 50 个点均表现比对照增产，稳产性与适应性分析均表现较为突出，2005—2006 年国家区试，生产试验双第一。

早熟。在黄淮北片麦区比石 4185 早熟 2d，黄淮南片麦区比豫麦 49 早 2 ~ 3d，春季起身拔节早，生长迅速，两极分化快，有利于大穗的形成，后期灌浆快，脱水快，早熟不早衰。

结实性强，穗大粒多，千粒重高，增产潜力大，三因素协调。一般亩穗数 42 万 ~ 43 万穗，穗粒数 38 ~ 42 个，千粒重 42 ~ 46g，具备 650 ~ 700kg 的产量潜力。

抗逆性好。茎秆粗壮，高抗倒伏，多年多点试验、示范均未出现过倒伏现象；抗锈病、白粉病、叶枯病等多种病害；抗旱节水性强，抗旱指数为 1.15，在中等肥力条件下浇 2 ~ 3 水（40m³/次/亩）增产效果十分显著；抗寒性好，不仅抗冬冻，且抗春冻，北起北京市，南至安徽省抗寒性均表现突出；抗干热风，落黄好。

广适：一是对水肥条件适应性强，弹性大。二是适应范围广，不仅适宜黄淮北片的河北省、山东省、山西省，在黄淮南片的河南省、安徽省、江苏省、陕西省冬麦区中、高水肥条件下均具有突出的高产优势，是一个适应性很强的品种。

4. 栽培技术要点

①期、播量：黄淮北片麦区适宜区域内播期一般掌握在 10 月 5 ~ 15 日，播量为 9 ~ 12kg，晚播和秸秆还田地块适当加大播量，亩穗数控制在 41 万 ~ 43 万为宜。

②灌水：秸秆还田和旋耕地块由于土壤过于松散透气，应浇冻水确保越冬。春季浇好拔节、抽穗开花、灌浆水。不提倡浇麦黄水。

③病虫防治：注意防治蚜虫，并结合治蚜以三唑酮等防病。

④叶面喷肥：5 月 10 ~ 15 日喷施磷酸二氢钾，促粒重提高。

二、石家庄 8 号（原代号石 6365）

1. 品种来源

石家庄市农林科学研究院以石 91—5065 做母本、石 9306（冀麦 38 号）做父本，经连续多年异地交替定向选育成的集节水、高产、抗寒、抗病、落黄好等优点于一体的冬小麦新品种。

2. 主要形态特征

属半冬性、中熟，幼苗半匍匐，分蘖力较强，亩成穗较多。抗寒、抗旱、中抗条锈、高抗叶锈和白粉病，抗干热风，熟相好。株高75cm左右，茎秆韧性好。短芒，纺锤穗，穗长8cm左右，穗粒数32个左右，白粒，硬质，千粒重45g左右，籽粒饱满，光泽好，容重795g/L。

3. 突出优点

品种来源为石家庄8号（原代号石6365）是石家庄市农林科学研究院以石91—5065做母本、石9306（冀麦38号）做父本，经连续多年异地交替定向选育成的集节水、高产、抗寒、抗病、落黄好等优点于一体的冬小麦新品种。2001年9月通过河北省农作物品种审定委员会审定。稳产高产是石家庄8号的最大特点。作为一个品种，首先考虑的必须是稳产，在稳产的基础上，再考虑如何取行高产。石家庄8号就是一个稳产高产的品种，它在2000年参加省区试的8个试点中，5个点产量居第一位，最高亩产570.1kg；2001年省区试7点试验，其中，5点居第一位，最高亩产598.0kg，居12个参试品系第一位。同年，在参加全国区试最高亩产605.6kg，其中，河北省4个试点平均亩产498.7kg，居第一位。

抗旱节水，生物节水是石家庄8号由发展前途的一个特点。经旱作所2001年在马兰农场一水不浇，亩产489kg，比石4185一亩多收58kg，经2年的连续抗旱鉴定，石家庄8号为一级抗旱，比邯6172、山东的5031和石4185的抗旱性能强。

抗寒抗病是石家庄8号拓宽适种范围的特点。2000—2001年度在遵化试验鉴定，9月29日播种，越冬率100%。

抗条叶锈和白粉病，是石家庄 8 号抗逆性强的特点。经植保所 3 年鉴定，它对 3 种病害为免疫至一级，属高抗品种类型。

群体自我调节能力强是石家庄 8 号打破品种对土壤条件对号入座的特点。过去在生产上分低水肥、中水肥和高水肥，有些品种因不能跨区种植而限制了种植范围。石家庄 8 号在什么条件都能发挥出其性能，它具有播种量少时，分蘖多，播种晚时，春蘖可成穗；穗少时，穗粒数能达到 40 粒以上；穗多时，穗粒数减少幅度小的明显特点。2000 年马兰 10 月 14 日在马兰农场播种，一亩合 19 万基本苗，冬前分蘖 29.6 万，春季最高分蘖 119 万，亩成穗 50.6 万，春季分蘖成穗很高，高产纪录的晚播情况下则亩产 554kg。2002 年石家庄 8 号在农科院试验地，10 月 18 日播种，年后浇了两水，经测产，一亩合 541.8kg；在马兰农场，10 月 10 日播种，3 月 17 日和 4 月 17 日各浇了一水，经专家田间测定，亩产 611.8kg；在马兰农场抗旱田，亩穗数比石 4185 多 5 万，千粒重 8g。

适应范围：冀中南及黑龙江流域麦区水地、半干旱地及肥旱地。

4. 栽培要点

播种要求：冀中南适宜播期 10 月 1～10 日，适期播种高水肥地亩基本苗 12 万～14 万株；中水肥地 14 万～16 万株；肥旱地 20 万～22 万株。晚播麦田应适当加大播量。

施肥一般亩施磷酸二铵 20kg，尿素 7.5～10kg 做底肥。追肥以起身、拔节两次为宜，若一次追施以起身末期为宜，亩追尿素总量 13～15kg。

浇水一般水浇地应浇好起身、拔节、抽穗和灌浆水；半干旱地应浇好拔节和抽穗扬花两次关键水。播前种子包衣或用杀虫剂＋杀菌剂混合拌种；小麦扬花后及时用杀虫剂＋杀菌剂混合叶面喷施。

三、衡 0816

1. 品种来源

衡 0816 系河北省农林科学研究院旱作农业研究所选育而成的冬小麦新品种，2013 年，通过河北省农作物品种审定委员审定，审定编号：冀审麦 2013010 号。

2. 特征特性

该品种属半冬性中熟品种，平均生育期 247d。幼苗半匍匐，叶色深绿，分蘖力中等。成株株型较松散，株高 69.3cm。穗长方形，长芒，白壳，白粒，硬质，籽粒饱满度中等。亩穗数 36 万，穗粒数 34.4 个，千粒重 42.8g，容重 771.6g/L。抗倒性强，2009—2010 年度抗寒性优于邯 4589，2010—2011 年度抗寒性低于邯 4589。2012 年农业部谷物品质监督检验测试中心测定，粗蛋白质（干基）15%，湿面筋 35%，沉降值 30.2mL，吸水量 0.59/g，形成时间 2.8min，稳定时间 2.4min。经河北省农林科学院旱作农业研究所抗旱性鉴定，2009—2010 年度抗旱指数 1.119，2010—2011 年度抗旱指数 1.175，抗旱性强。经河北省农林科学院植物保护研究所抗病性鉴定，2009—2010 年度中抗白粉病、条锈病，中感叶锈病；2010—2011 年度中抗条锈病、叶锈病，中感白粉病。

3. 产量表现

2009—2010 年度黑龙港流域节水组区域试验平均亩产

384kg，2010—2011 年度同组区域试验平均亩产 447kg，2011—2012 年度黑龙港流域节水组生产试验平均亩产 465kg。

4. 栽培技术要点

该品种适宜在浇 1~2 水条件下种植，适宜播期为 10 月初至中旬，亩播种量在 10.5~12.5kg。注意防治麦蚜和吸浆虫。

四、石麦 15

1. 品种来源

该品种由石家庄市农林科学研究院选育，为扩区审定，原审定编号为冀审麦 2005003 号。

2. 主要特征特性

该品种属半冬性中熟品种。生育期 243d 左右，与对照沧6001 相当。幼苗半匍匐，叶片绿色，分蘖力较强。亩穗数42.7 万左右，穗层整齐。成株株型紧凑，旗叶上冲，株高75.7cm 左右。较抗倒伏，抗寒性好。穗纺锤形，短芒、白壳、白粒、硬质，籽粒较饱满。穗粒数 32.0 个，千粒重 37.4g，容重 770g/L。熟相一般。

①抗旱性：河北省农林科学院旱作农业研究所人工模拟干旱棚和田间自然干旱两种环境下，2006 年抗旱指数分别为1.119、1.276；2007 年抗旱指数分别为 1.159、1.208。抗旱性表现突出。

②品质：2007 年河北省农作物品种品质检测中心检测结果，蛋白质 13.49%，沉降值 13.5mL，湿面筋 30.0%，吸水率 57.1%，形成时间 1.8min，稳定时间 1.8min。

③抗病性：河北省农林科学院植物保护研究所抗病性鉴定结果：2006 年高感条锈病，中感叶锈病、白粉病；2007 年高感条锈病，中抗叶锈病、白粉病。

3. 产量表现

黑龙港流域节水组 2006—2007 两年区域试验，平均亩产427.43kg，比对照沧 6001 增产 12.81% 。2007 年同组生产试验，平均亩产 454.71kg，比对照沧 6001 增产 11.33% 。

4. 栽培技术要点

适宜播期为 10 月上旬。高肥水条件下播种量 7.5 ~ 8.5 kg/亩，中肥水条件下播种量 8.5 ~ 9.5kg/亩，半干旱地播种量 10 ~ 11kg/亩，晚播适当加大播量。一般施底肥纯氮 7 ~ 8kg/亩，纯五氧化二磷 8 ~ 10kg/亩。追肥在起身期末、拔节期初一次施入，追施纯氮 6 ~ 7kg/亩。根据水浇条件，浇好拔节和抽穗两次关键水。播前药剂拌种，以防治地下害虫及黑穗病。小麦抽穗后及时防治麦蚜。

5. 推广意见

该品种适宜在北部冬麦区的北京市、天津市、河北省中北部、山西省中部和东南部的水地种植，也适宜在新疆阿拉尔地区水地种植。根据农业部第 943 号公告，该品种还适宜在黄淮冬麦区北片的山东省、河北省中南部、山西省南部中高水肥地种植。

五、衡 4399

1. 品种来源

衡 4399 是河北省农林科学院旱作农业研究所独家选育而

成的高产、优质小麦新品种，2008 年通过河北省农作物审定委员会审定，审定编号：冀审麦 2008002 号。

2. 主要特征特性

该品种属半冬性品种，幼苗匍匐，叶片深绿色，分蘖力较强。株型较紧凑，株高 72cm 左右。亩穗数 45 万左右，穗层整齐。穗长方形，长芒，白壳，白粒，硬质，籽粒较饱满。穗粒数 33.8 个，千粒重 39.5g，容重 792.3g/L。生育期 239d 左右，与石 4185 品种相当。熟相较好，抗倒性较强，抗寒性与石 4185 品种相当。2008 年河北省农作物品种品质检测中心测定结果，籽粒粗蛋白 14.58%，沉降值 18.7mL，湿面筋29.2%，吸水率 58.0%，形成时间 3.0min，稳定时间 2.8min。河北省农林科学院植物保护研究所鉴定结果：2006—2007 年度中感条锈病、叶锈病、白粉病；2007—2008 年度中感条锈病、叶锈病、白粉病。

3. 产量表现

2006—2007 年、2007—2008 年度冀中南水地组两年区域试验平均亩产 547.09kg，比石 4185 品种增产 6.93%。2007—2008 年度同组生产试验，平均亩产 524.56kg，比石 4185 品种增产 7.81%。

4. 栽培技术要点

适宜播期为 10 月 8 ~ 15 日，播种量为 11 ~ 13kg/亩，每晚播 2 天播量增加 0.5kg/亩，秸秆还田地块适当增加播量。全生育期浇水 2 ~ 3 次，推迟春一水，重点浇好拔节、灌浆两次关键水。施二氨 25 ~ 30kg/亩，尿素 7.5 ~ 10kg/亩作底肥，拔节期追施尿素 25kg/亩。进行种子包衣或拌种，防治地下虫害。

5. 推广意见

该品种适宜河北省中南部冬麦区中高水肥地块种植。

第三节 棉花节水品种简介

一、冀棉958

1. 选育单位

河北省农林科学院棉花研究所、中国农业科学院生物技术研究所。审定编号：国审棉2006005。

2. 主要特征特性

全生育期139天左右。株高102.5cm，第一果枝着生节位7.2节，单株成铃15.3个，铃重5.3g，子指10.4g，衣分40.3%，霜前花率86.3%。该品种为转基因抗虫棉品种，抗棉铃虫、红铃虫等鳞翅目害虫。

抗病性：中国农业科学院棉花研究所抗病鉴定结果，高抗枯萎病，耐黄萎病。

纤维品质：农业部棉花品质监督检验测试中心检测结果，纤维上半部平均长度30.0mm，断裂比强度32.0cN/tex，马克隆值4.6，整齐度指数84.2%，伸长率7.0%，反射率73.8%，黄度8.3，纺纱均匀性指数146。

3. 产量表现

2002—2003年参加黄河流域棉区春棉组品种区域试验，

籽棉、皮棉和霜前皮棉亩产分别为 216.9kg、87.5kg 和 75.3kg。2004 年生产试验，籽棉、皮棉和霜前皮棉亩产分别为 235.5kg、94.8kg 和 89.5kg。

4. 栽培技术要点

4 月 20~30 日播种，地膜覆盖可适当提早。每亩留苗密度 3 200~3 500 株。初花期及时追肥浇水，重施花铃肥，补施钾肥。根据棉田长势长相，适时、适量化控。及时防治蚜虫、红蜘蛛、盲蝽象等非鳞翅目害虫。

二、衡科棉369

1. 选育单位

河北省农林科学院旱作农业研究所。审定编号：冀审棉 2006014。

2. 主要特征特性

全生育期 135d 左右。株高 81.2cm，第一果枝着生节位 6.1 节，单株果枝数 11.8 个，单株成铃 13.4 个，铃重 5.7g，籽指 10.6g，衣分 40.5%，霜前花率 91.2%。该品种为转基因抗虫棉品种，抗棉铃虫、红铃虫等鳞翅目害虫。

抗病性：河北省农林科学院植物保护研究所抗病鉴定结果，耐枯萎病，耐黄萎病。

纤维品质：2005 年农业部棉花品质监督检验测试中心检测结果，纤维上半部平均长度 29.0mm，断裂比强度 29.1cN/tex，马克隆值 4.5，整齐度指数 83.6%，伸长率 6.9%，反射率 75.1%，黄度 8.3，纺纱均匀性指数 137。

3. 产量表现

2003—2004 年，河北省春播棉组区域试验结果，平均亩产皮棉分别为 89.2kg、73.8kg，霜前皮棉分别为 82.3kg、66.9kg。2005 年生产试验结果，平均亩产皮棉 96.2kg，霜前亩产皮棉 90.2kg。

4. 栽培技术要点

播种期 4 月 25～30 日。种植密度：高水肥地不高于 2 500 株/亩，中水肥地 3 300 株/亩左右。施足基肥，重施蕾肥、花铃肥。及时化控，注意防治虫害。

三、冀丰 554

1. 选育单位

河北省农林科学院粮油作物研究所，河北冀丰棉花科技有限公司。审定编号：冀审棉 2009003。

2. 主要特征特性

全生育期 126d 左右。株高 93cm，第一果枝着生节位 7.2 节，单株果枝数 12.5 个，单株成铃 14.8 个，铃重 6.7g，籽指 11.3g，衣分 38.3%，霜前花率 94.6%。该品种为转基因抗虫棉品种，抗棉铃虫、红铃虫等鳞翅目害虫。

抗病性：河北省农林科学院植物保护研究所抗病鉴定结果，高抗枯萎病，耐黄萎病。

纤维品质：2008 年农业部棉花品质监督检验测试中心检测结果，纤维上半部平均长度 30.03mm，断裂比强度 29cN/tex，马克隆值 5.21，整齐度指数 85.73%，伸长率 6.47%，反射率

73.87%，黄度 8.13，纺纱均匀性指数 142。

3. 产量表现

2006—2007 年冀中南春播棉组区域试验，亩产皮棉分别为 97.8kg、110.7kg，亩产霜前皮棉分别为 93.2kg、103.9kg。2008 年生产试验，亩产皮棉 102.6kg，亩产霜前皮棉 93.4kg。

4. 栽培技术要点

露地 4 月 25 至 5 月 1 日播种，地膜 4 月 15 ~ 25 日播种。高水肥地块密度 2 300 ~ 2 500 株/亩，中等水肥地块密度 2 500 ~ 3 300 株/亩，低水肥地块密度 3 300 ~ 4 000 株/亩。施足底肥，初花期前及时追肥浇水，每亩追施尿素 15kg。盛花期后浇足水，适当追施盖顶肥。适时化控，缩节胺亩用量现蕾期 1.5 ~ 2g，花铃期 2.5 ~ 3g。及时防治棉铃虫以外的棉田害虫。

四、农大棉 9 号

1. 选育单位

河北农业大学。审定编号：冀审棉 2011001。

2. 主要特征特性

全生育期 125d 左右。株高 92cm，第一果枝着生节位 6.9 节，单株果枝数 13.1 个，单株成铃 16.9 个，铃重 6.3g，籽指 10.3g，衣分 40.6%，霜前花率 93%。该品种为转基因抗虫棉杂交种，抗棉铃虫、红铃虫等鳞翅目害虫。

抗病性：河北省农林科学院植物保护研究所抗病鉴定结果，高抗枯萎病，耐黄萎病。

纤维品质：2010 年农业部棉花品质监督检验测试中心检

测结果，纤维上半部平均长度 29.9mm，断裂比强度 30.6 cN/tex，马克隆值 5.1，整齐度指数 85%，伸长率 6%，反射率 76.9%，黄度 7.6，纺纱均匀性指数 142。

3. 产量表现

2007—2009 年，河北省中南春播棉组区域试验平均亩产皮棉分别为 107kg、114kg 和 99kg，亩产霜前皮棉分别为 100kg、105kg 和 93kg。2010 年，同组生产试验平均亩产皮棉 99kg，亩产霜前皮棉 94kg。

4. 栽培技术要点

适宜播期 4 月 25～30 日，一般棉田密度 2 800～3 300 株/亩。播前亩施有机肥 4～5m³、尿素 10～15kg、二铵 2～25kg、氯化钾 10～15kg，适时追肥。使用缩节胺全程化控，蕾期亩用量 1.5～2g，花铃期亩用量 2～3g。及时防治蚜虫、红蜘蛛、盲蝽象、甜菜叶蛾等棉田害虫。

五、石抗 126

1. 选育单位

石家庄市农业科学研究院，中国科学院遗传与发育生物学研究所。审定编号：国审棉 2008002。

2. 主要特征特性

全生育期 124d 左右。株高 103cm，第一果枝着生节位 7.5 节，单株成铃 16.4 个，铃重 5.8g，籽指 10.9g，衣分 38.76%，霜前花率 91.5%。该品种为转基因抗虫棉品种，抗棉铃虫、红铃虫等鳞翅目害虫。抗病性：中国农业科学院棉花研究所抗病鉴定结果，抗枯萎病，抗黄萎病。纤维品质：农业部棉花品质监督检验测试中心检测结果，纤维上半部平均长度 31.0mm，断裂比强度 31.0cN/tex，马克隆值 4.3，整齐度指数 84.5%，伸长率 6.7%，反射率 74.7%，黄度 8.1，纺纱均匀性指数 151。

3. 产量表现

2004—2005 年，参加黄河流域棉区常规春棉组区域试验，子棉、皮棉和霜前皮棉亩产分别为 230.4kg、89.3kg 和 81.7kg。2005 年生产试验，子棉、皮棉和霜前皮棉亩产分别为 221.6kg、86.8kg 和 84.9kg。

4. 栽培技术要点

黄河流域棉区营养钵育苗移栽 4 月初播种，地膜棉 4 月 15～20 日播种，露地直播棉 4 月 25～30 日播种，播前晒种以提高发芽率。每亩种植密度，高肥水地 2 500～2 800 株，中等肥水地 2 800～3 200 株，旱地 3 200～4 000 株。底肥以有机肥和磷肥、钾肥为主，追肥以氮肥为主，高产棉田注意增施盖顶肥。现蕾开始喷施缩节胺，掌握少量多次的原则，每亩总用量不超过 10g。及时防治棉蚜、红蜘蛛和盲蝽象等棉田害虫，特别要重视对盲蝽象的防治。

第四节　谷子节水品种简介

一、衡谷 13 号

1. 选育过程

衡谷 13 号是由河北省农林科学院旱作农业研究所以河北

省农林科学院谷子研究所抗除草剂品系 K492（现已定名为冀谷31）为父本，安04—4783 为母本于2008—2011 年按育种目标经系谱法南繁北育而成，其选育序号为 KN200902—1—1—2—2，即 2008 年夏季配置杂交组合，2009 年夏季种为 F1 代，编号为 KN200902，2009 年冬季在海南加代为 F2 代，收获 3 个谷穗，2010 年夏季进入 F3 代，经单株选择，选出 5 个单株，同年冬季，在海南加代为 F4 代的 352～355 区，其中，352 区被选为重点株系，于 2011 年夏季种植为 F5 代的 3504～3523 区，同时，进行品比试验，其中，3505 区 2011 年品种比较试验平均产量 5 790kg/hm^2，超对照（冀谷 19）6.19%，因表现突出被选为重点品系，至此完成系谱选育出圃。

该品种 2013 年通过全国谷子品种鉴定委员会鉴定，并被评为二级优质米。

2. 品种特征

幼苗绿色，生育期91d，株高120.89cm。纺锤形穗，松紧适中；穗 20.63cm，单穗重 16.21g，穗粒重 13.11g；千粒重 2.83g；出谷率 80.96%，出米率 74.56%；褐谷黄米。熟相好。该品种抗旱性一级，耐涝性四级，抗倒性二级，谷锈病三级，对谷瘟病、纹枯病抗性均为 2 级，白发病、红叶病、线虫病发病率分别为 1.12%、0.47%、2.81%，蛀茎率1.43%。

3. 产量表现

2012—2013 年，参加了全国夏谷区域试验，2012 年区域试验平均产量 4 717.5kg/hm^2，较对照冀谷 19 增产 2.93%，居参试品种第十位；2013 年区域试验平均产量 4 741.5kg/hm^2，较对照增产 1.94%，居参试品种第八位。两年平均产量 4 729.5

kg/hm^2，较对照冀谷 19 增产 2.44%，居 2012—2013 年参试品种 6 位。两年 21 点次区域试验 13 点次增产、增产幅度为 0.14%～24.32%，增产点率为 61.9%。2013 年生产试验平均产量 4 719kg/hm^2，较对照增产 4.02%，居参试品种第四位，7 点生产试验中 5 点较对照增产，2 点较对照减产。

4. 栽培要点

该品种适宜在河北省、河南省、山东省等华北夏谷区夏播或晚春播种植。正常夏播在 6 月中下旬，也可在 7 月上旬晚播或在 5 月下旬晚春播。一般机械播种行距 40cm，夏播地块 60 万～75 万株/hm^2。在 3～4 叶期用配套除草剂进行间苗、除草，拔节期每亩追施 15～20kg 尿素。

该品种对常见病害及倒伏的抗性较好，在恶劣气候下应及时防治谷瘟病、纹枯病和适时中耕培土防止倒伏。

二、张杂谷 8 号

1. 选育简介

张家口市农业科学院谷子研究所所长赵治海经过近 30 年的南繁北育，利用谷子光（温）敏两性不育技术选育、杂交而成的谷子新品种。春播杂交谷子育成后，赵治海研究员又向夏播杂交谷子进军。2002 年，赵治海研究员将 135 个杂交组合材料进行对比试验。经过 2 年筛选，选出高产优质的"张杂谷 8 号"杂交谷子新品种。目前，"张杂谷 8 号"是唯一的一个夏播杂交谷子新品种。

2. 特征特性

幼苗深绿色，根系发达，茎秆粗壮，少有分蘖，叶片宽厚，生长势强，抗病性好。株高 100～120cm，穗头大，有刚毛，穗长一般 25～33cm，单穗平均穗重 35g，大穗重达 50g，黄谷黄米，熬、煮米粥，15min 即可，色味俱佳，适口性好，属优质米。生长期 90d，适宜夏播和晚春播。抽穗至成熟长达 40d，灌浆时间长，生长势强，产量高。拔节后光照好，生长稳健，利于防倒，抽穗后光照好，利于灌浆，提高产量。

3. 产量表现

该品种产量高，增产潜力大，品质好，且种植省工省时。杂交谷子最高单产达 500kg 以上。夏播高水肥地块亩产可达 350kg，中低产田每亩产量可达 200～250kg。杂交谷不同于常规谷子，产量与栽培管理方法关联度较高。只有良种良法配套，才能实现高产稳产。

4. 栽培技术要点

适时抢足墒下种，一播全苗。张杂谷 8 号夏播生育期 90d，在小麦收获后至小暑前均可播种，一般以麦收后至 6 月 25 日前播种为宜。河北省低平原区最晚不能晚于 7 月上旬。旱地注意抢足墒下种，播后镇压，确保一播全苗。合理密植一般亩用种量 0.8kg，因用种量小、播不匀时，可加入适量小米或熟谷。行距 33.3～40cm，播深 1～3cm，每亩留苗密度 2 万～3 万株。对缺苗断垄地段，在谷子株高 15cm 前进行带土移栽。喷洒间苗剂，间定苗省时省工谷子生产上的突出问题就是间定苗问题，一般谷子间定苗比较麻烦，费工费时。杂交谷子长到 3～5 叶时，每亩用专用间苗剂 100mL 加助壮素 10mL、对水 20～25kg，均匀喷洒谷苗和地面。达到：一是间苗作用，可杀死杂苗、自交苗，解决群众间定苗的烦恼；二是除草作用，可杀死一年生禾本科杂草；三是降低株高，防止倒伏。间苗剂要在晴朗无风天使用，不要让药剂飘散到其他作物上，以免造成药害。中耕除草：谷子幼苗期、拔节期和孕穗期中耕 2～3 次，天旱保墒、雨后可破除板结。第一次中耕结合间定苗进行，浅锄细锄。第二、第三次在拔节孕穗期，中耕要深，增加土壤通透性，同时，进行培土，促进根系生长，提高谷子吸水吸肥能力，提高产量，预防倒伏。重视追肥，氮肥注意前轻后重 张杂谷 8 号生长旺盛，灌浆期长，水肥需要量大，氮肥要前轻后重。拔节期，追尿素每亩 6～8kg，二胺复合肥每亩 8～10kg，钾肥每亩 10kg。抽穗期追尿素每亩 16～20kg。旱地要趁墒追肥，有水利条件的结合追肥进行浇水，防止后期缺肥早衰。灌浆期叶面喷洒磷酸二氢钾、叶面宝、尿素等，延长叶片功能期，增加粒重，创高产。主要虫害是谷子钻心虫，在定苗后、拔节期用辛硫磷 800 倍液喷雾 2 次。主要病害是穗瘟病，在谷子抽齐穗后，用甲基托布津 600 倍液喷雾进行防治。

三、冀谷 31

1. 选育

冀谷 31 是以褐粒、鸟害轻、米一级优质、抗旱耐瘠薄、适合机械化收获的冀谷 19 为母本，以抗拿捕净除草剂、根系发达、高抗倒伏、富锌的 1302—9 为父本，通过有性杂交选育而成。其中，1302—9 是冀谷 25 的姊妹系，其抗拿捕净除草剂基因，来源于自然突变产生抗拿捕净性状的野生青狗尾草，并通过非转基因途径的远缘杂交方法将此基因转育到谷子中。

2. 特征特性

幼苗绿色，生育期 89 天，株高 120.69cm。纺锤形穗，穗子偏紧；穗长 21.43cm，单穗重 13.38g，穗粒重 10.93g，千粒重 2.63g；出谷率 82.41%，出米率 71.77%；褐谷黄米。抗倒性为一级，抗旱性、耐涝性为一级；中感谷锈，抗谷瘟病，中抗纹枯病，白发病、红叶病、线虫病发病较轻；较黄色子粒品种鸟害轻。田间植株长势旺盛，整齐一致，茎秆粗壮，根系发达，成熟时青枝绿叶，熟相好。综合性状优良。冀谷 31 主要适合冀鲁豫夏谷生态区夏播种植，也可在北京以南、河北省太行山区以及山西中部、陕西中南部等地春播种植。经农业部谷物监督检验测试中心测定：籽粒含粗蛋白 11.43%，粗脂肪 3.44%，淀粉 69.3%，赖氨酸 0.254%，色氨酸 0.09%，锌 41.4mg/kg，铁 28.7mg/kg，钙 132mg/kg，磷 0.319%，VB10.67mg/kg，VE2.32IU/100g。米色金黄，煮粥黏香、省火。2009 年，在全国第八届优质米鉴评会上被评为一级优质米。

3. 产量表现

2007 年秋季测产，每 667m² 产量达 486.5kg，较对照冀谷 19 增产 9.8%。2008—2009 年，参加国家谷子品种区域试验，平均 667m² 产 345.62kg，较对照冀谷 19 增产 3.88%。2009 年参加国家谷子品种生产试验，较对照增产 8.58%。2009 年在生产上示范 73hm²，9 月 13 日经河北省科技厅组织专家对武安市种植的冀谷 31 等谷子品种进行了现场检测，在北安乐乡迁城村的谷子品种核心示范田，冀谷 31 每 667m² 产 415.69kg，较吨谷1号增产124.01kg，增幅达42.52%；在石洞乡赵庄丘陵纯旱地上，冀谷31平均产293.41kg，较相邻地块的其他品种增产78.77kg，增幅达36.7%。同年在河北省涉县参加当地农业局组织的引种试验，冀谷31产量居第一位，亩产量达476.2kg。宁晋县大曹庄农场王根茂种植的1.2hm² 冀谷31，平均亩产426.5kg，其中，最高产量达542.5kg。

4. 栽培技术

地块选择以排灌方便，土质肥沃壤土地块种植为宜，尽量不要重茬。整地要细，结合耕翻整地或开沟条播，每亩底施农家肥2 000kg左右或氮、磷、钾复合肥15～20kg，浇地或降雨后播种，保证墒情适宜。播种适宜期为6月15～30日，适宜行距35～40cm，每亩播种量1.0～1.2kg，要严格掌握播种量，播深3～4cm，并保证均匀播种。播种后、出苗前进行化学除草，于地表均匀喷施配套的"谷友"100g/亩，对水不少于50kg/亩。注意要在无风的晴天均匀喷施，不漏喷、不重喷。采用间苗剂间苗，谷苗生长至4～5叶、杂草2～3叶时，根据苗情喷施配套的壮谷灵80～100mL/亩，对水30～40kg/亩。亩留苗密度4万株左右。如果因墒情等原因导致出苗不均匀时，苗少的部分则不喷。注意要在晴朗无风、12h内无雨的条件下喷施，壮谷灵兼有除草作用，垄内和垄背都要均匀喷施，并确保不使药剂飘散到其他谷田或其他作物。喷施间苗剂后7d左右，杂草和多余谷苗逐渐萎蔫死亡。出苗25d左右（9～11片叶）每亩追施尿素20kg，随后耥地培土，防止肥料流失，并可促进支持根生长、防止倒伏、防除新生杂草。开花灌浆期，喷施0.3%磷酸二氢钾2～3次。夏谷耐旱性强，苗期一般不用浇水。孕穗到抽穗开花期间，注意适时浇水，防止旱情。灌浆后，谷子需水量明显下降。但出现干旱，应浇小水。

5. 防治病虫

（1）瘟病

发病初期，用 20% 甲基托布津可湿性粉剂 2 000 倍液喷雾。

（2）谷锈病

发病初期（病株率 5%），每亩用 20% 粉锈宁乳油 35mL 加水 50kg 喷雾，病情严重时，间隔 7～10d 再防 1 次。

（3）黏虫、粟灰螟

在幼虫 3 龄前，用有机磷加菊酯类农药喷雾防治。适时收获一般在 9 月中下旬，在子粒硬化，谷穗变黄后，要及时收割，确保产量。

四、冀谷 25

1. 品种来源

该品种是由河北省农林科学院谷子研究所以"WR1"为母本，"冀谷 14"为父本，进行有性杂交，选育的谷子新品种，2006 年 2 月通过全国农作物品种鉴定委员会鉴定。

2. 特征特性

该品种绿苗，生育期 86d，株高 114.0cm。在亩留苗 5.0 万的情况下，亩成穗 4.63 万，成穗率 92.6%；纺锤形穗，松紧适中，穗长 17.6cm；单穗重、穗粒重分别为 12.6g、

10.6g；出谷率、出米率分别为 84.1%、76.9%；黄谷黄米，千粒重为 2.77g。米色浅黄，一致性上等，在 2005 年 3 月中国作物学会粟类作物专业委员会举办的"第六届全国优质食用粟鉴评会"上被评为一级优质米。经农业部谷物品质检验检测中心化验，小米含粗蛋白 12.99%，粗脂肪 4.27%，直链淀粉 21.15%，胶稠度 90mm，减消指数（糊化温度）3.0级，维生素 B1 7.4mg/kg，赖氨酸含量 0.28%。经 2004—2005 年国家谷子品种区域试验鉴定，该品种抗倒性为 2 级，抗旱、耐涝性均为 1 级，对谷锈病抗性为 2 级，对谷瘟病、纹枯病抗性均为 1 级，抗白发病，红叶病、线虫病发病率较低。

3. 产量表现

2004—2005 年，两年区域试验平均亩产 345.94kg，较对照豫谷 5 号增产 8.70%，2005 年生产试验亩产 362.78kg，较对照增产 8.28%。

4. 栽培要点

（1）播前准备

播种前灭除麦茬和杂草，每亩底施农家肥 2 000kg 左右或氮磷钾复合肥 15～20 千克，浇地后或雨后播种，保证墒情适宜。

（2）播种

夏播适宜播种期 6 月 15 日至 6 月 30 日，适宜行距 35～40cm；在唐山、秦皇岛及河北省西部丘陵区晚春播适宜播种期 5 月 25 日至 6 月 10 日，适宜行距 40cm；在山西中部、辽宁南部、陕西大部分地区春播适宜播种期 5 月 20 日左右，适宜行距 40 ~ 50cm。夏播每亩播种量 0.9kg，春播每亩播种量 0.75kg，要严格掌握播种量，并保证均匀播种。

（3）配套药剂使用方法

①除草剂：播种后、出苗前，于地表均匀喷施配套的除草剂 80 ~ 100g／亩，对水不少于 50kg／亩。注意要在无风的晴天均匀喷施，不漏喷、不重喷。

②间苗剂：谷苗生长至 4 ~ 5 叶时，根据苗情喷施配套的间苗剂 80 ~ 100mL／亩，对水 30 ~ 40kg／亩。如果因墒情等原因导致出苗不均匀时，苗少的部分则不喷施间苗剂。注意要在晴朗无风、12 小时内无雨的条件下喷施，间苗剂兼有除草作用，垄内和垄背都要均匀喷施，并确保不使药剂飘散到其他谷田或其他作物。

（4）田间管理技术

谷苗 8 ~ 9 片叶时，喷施溴氰菊酯防治钻心虫；9 ~ 11 片叶（或出苗 25 天左右）每亩追施尿素 20kg，随后务必耘地培土，防止肥料流失，并可促进支持根生长、防止倒伏、防除新生杂草。

五、豫谷 15

1. 品种来源

该品种是由安阳市农业科学院以豫谷 9 号为母本，以安 99—2231 为父本选育而来。原参试名称为安 04—4783，现为豫谷 15。

2. 特征特性

幼苗绿色，生育期 88d，株高 121.33cm。在 2008 年亩留苗 5.0 万，2009 年亩留苗 4.5 万的情况下，亩成穗平均为 4.49 万，成穗率平均为 94.5%；纺锤形穗，松紧适中；穗长 19.28cm，单穗重 12.40g，穗粒重 10.24g；千粒重 2.64g；出谷率 84.39%，出米率 74.72%；黄谷黄米，米粥黏香，2008 年在全国第七届食用粟评选中被评为国家一级优质米。该品种抗倒性二级、抗旱性一级、耐涝性一级，对谷瘟病、谷锈病抗性均为一级、纹枯病抗性为二级，抗白发病，红叶病、线虫病发病率分别为 0.31%、0.03%，蛀茎率 1.7%。

3. 产量表现

2005 年参加测产试验，亩产 311.3kg，比对照豫谷 9 号增产 8.24%；2006 年参加品系试验，亩产 366.7kg，比对照豫谷 9 号增产 13.92%；2007 年参加区试，亩产 332kg，比对照豫谷 9 号增产 2.31%。该品种 2008—2009 年参加华北区域试验，平均亩产 352.59kg，较对照冀谷 19 增产 5.98%。2008 年区域试验平均亩产 383.50kg，较对照冀谷 19 增产 4.07%，居参试品种第三位；2009 年区域试验平均亩产 325.18kg，较对照冀谷 19 增产 9.53%，居参试品种第二位；11 个试点中 10 点增产、1 点减产，增产幅度在 2.88%～23.47%，减产率 0.93%；变异系数为 20.95%，适应度 90.91%。两年 17 点次区域试验中 15 点次增产、增产幅度为 1.48%～23.47%，2 点减产、减产幅度为 0.93%～10.00%，增产点率为 88.24%。生产试验平均亩产 267.23kg，较对照增产 5.69%，居参试品种第三位，6 点生产试验 5 点增产。

4. 栽培技术要点

细整地，做到土地平整，上松下实，无根茬和大坷垃；每亩施复合肥 30kg 作基肥；播前晒种或温水（56～57℃浸10min）浸种或粉锈宁、辛硫磷拌种防虫病增产；适宜播期为5 月 20 日至 6 月 30 日可根据墒情播种，争取一播全苗；幼苗4～6 片叶时定苗，确保亩密度 4 万～5 万株；抽穗 10～15d，追施尿素 15～20kg；苗期多锄，灭草保墒；苗期防地老虎、红蜘蛛、粟芒蝇；抽穗前防治棉尖象甲、钻心虫；灌浆期防治粟穗螟、粟缘蝽等害虫。药剂根据虫害种类单用或复配高效氯氰菊酯、氧化乐果、辛硫磷等药剂。

第五节　油葵节水品种简介

一、美国油葵 G101

1. 特征特性

该品种系三系杂交，春播生育期为 100～105d，夏播为90～95d，株高 1.6m，生长整齐，无分枝。正常花盘直径20cm 左右，含油率49%，一般亩产250kg～300kg 以上，该品种耐盐碱、耐清薄、抗旱、抗倒伏、抗霜霉病和锈病。盐碱地、沙荒地和 30cm 厚的山地、瘠薄地等各类土壤均可种植，但不宜在低洼地种植。

2. 栽培要点

前茬作物收获后，于 6 月 25～30 日浇地地造墒，3～4d后即可翻耕。翻耕前，每亩施硫酸钾或氯化钾 15kg，磷酸二铵 15kg，混合后一同撒入地表，随耕地翻入地下。随后将地耙细整平，以备播种。

美国油葵 G101 每亩用种量为：点播 350g，机播 500g。将玉米铁茬播种机调成 60cm 宽的行距，在整好的地里开沟，沟深 5cm，然后点籽，株距为 30cm，每穴点 1~2 粒（留苗每穴 1 株），覆土搂平。4d 后即可出苗。

现蕾期是美国油葵 G101 的肥水管理关键期，务必重视做好。一般施尿素 15kg/亩，随后浇水。花期视土壤墒情，再浇一水。籽粒形成期尽量避免浇水，如果不太旱，就不要浇水，否则，易死秧。整个生育期水的管理一定要视天气和土壤墒情进行，不要盲目乱浇水，美国油葵 G101 最忌田间积水。

播种后每亩可撒施 3% 的甲拌磷颗粒剂 1.5~2kg，加麦麸 3~4kg，可有效地防治地老虎、蟋蟀和蝗虫的为害。苗期和蕾期重点查治棉铃虫，棉铃虫主要为害美国油葵的顶尖或花蕾，一旦为害后，不再有产量。7 月 18 日开始到田间监测，达到防治指标，即开始用药除治。可用的药剂有 20% 棉虫净 1 500 倍液，20% 的凯明 6 号 1 000 倍液，常规喷雾，抓住关键期，连喷 2~3 遍能收到理想的防治效果。

油葵是虫媒完全异花授粉结实，平均 5~7 亩放一箱蜂可明显提高产量。也可人工辅助授粉，用毛巾做成粉拍，在成花期将每一花盘轻轻擦过，或两盘之间互相拍擦，一般隔 2d 1 次，共做 2~3 次，可增产 20%~30%。

在上部叶片及盘背变黄，籽粒变硬时可收获，提早或延迟收获，均影响产量和含油量。

二、油葵 S31

1. 特征特性

从出苗到成熟 100~110d，水地株高 220~230cm，旱地株高 170~180cm。皮壳灰黑色，有条纹，皮薄，出仁率达 80% 左右，百粒重 55.59g，含油率 46%~50%，容重 380~470g/L。该品种秆硬、抗倒、耐旱、耐瘠薄、抗菌核病、霜霉病。

2. 产量表现

该产品旱地一般亩产 100~150kg，在水地 200~250kg，高产地块可达 300kg。

3. 栽培要点

适于 ≥10℃ 活动积温 2 500℃ 以上地区种植。适应性广，水旱地均可种植，必须实行 3~5 年轮作。亩播种量 0.35~0.4kg。适时播种，2 300~2 500℃ 地区宜在 5 月中旬覆膜播种，2 700~2 900℃ 地区宜在 5 月中、下旬播种。各地要因地制宜调节好播期，使开花期避开高温期，以获丰收。亩施有机肥 1 000~2 000kg，二铵 5~10kg 作底肥。留苗密度：旱地亩保苗 2 600 株左右，水地 3 000~3 500 株。田间管理：及时间苗，中耕锄草，苗期（8 叶期）亩追施硫酸钾 5~10kg，现蕾初期亩施尿素 10~15kg，培土后并浇头水，以后根据土壤墒情，在初花期和末花期浇二水和三水。适时收获：当花盘背面变黄，舌状花脱落，茎秆变褐色，叶片黄绿或枯萎下垂，及时进行收获。

三、油葵 S40

1. 特征特性

该品种属中晚熟高秆、高含一价不饱和酸的油用向日葵杂交种，株高 10～220cm，从出苗到成熟 110d 左右，出仁率达76.8%，含油率 47.7%，其中，一价不饱和酸占 85% 左右。该产品抗病性强，抗菌核病、锈病、霜霉病、较抗叶斑病，茎秆粗壮、抗倒伏。该产品油质优良，在高温下稳定，在蒸调食物时有较高的烟点，可较长时间储存，在欧、美及澳大利亚均有较大市场。一般亩产 200～250kg，高产地块可达 300～350kg。

2. 栽培要点

该品种需在 ≥10℃ 活动积温 2 700℃ 以上地区种植。选择中上等肥水条件地块种植，并实行 3～5 年轮作。适期播种：根据各地具体情况而定，使开花授粉期要避开高温期，内蒙古中部地区一般在 5 月上中旬播种。合理密植：亩播种量0.35～0.4kg，亩保苗 2 600～3 000 株。施肥：注意氮、磷、钾配合施用，亩施有机肥 1 500～2 000kg，二铵 5～10kg 作底肥。苗期（4 对真叶时）亩追硫酸钾 5～10kg。现蕾初期亩施尿素10～15kg。田间管理：及时间苗，中耕锄草，现蕾初期结合追肥、培土浇水，以后根据墒情在初花期和末花期浇二水和三水。适时收获：当花盘背面变黄，舌状花脱落，茎秆变褐色，叶片黄绿或枯萎下垂，及时进行收获。

四、油葵 S47

1. 特征特性

从出苗到成熟 110d，属中晚熟品种。株高 200~220cm，花盘直径 20~22cm，千粒重 52.54g，容重 460~470g/L。出仁率达 78.4%，含油率 47.8%，高抗菌核病、霜霉病、黄萎病、抗向日葵虫，该品种一般亩产 200~250kg，高产地块可达 300~400kg。

2. 栽培要点

适于 ≥10℃ 活动积温 2 700℃ 以上地区种植。在低积温地区要覆膜种植，播期在 5 月上中旬左右。该品种抗性和适应性较强，水旱地均可种植，与其他矮秆作物进行间种效果更好，必须实行轮作。施肥：注意氮、磷、钾配合施用，亩施二铵 5~10kg 作底肥。播种：亩播种量 0.35~0.4kg，据地力条件确定合理密度，一般肥力条件下亩保苗 2 600~2 800 株，肥力条件好的地块宜密。田间管理：及时间苗，中耕锄草，苗期（8 叶期）亩追施硫酸钾 5~10kg，现蕾初期，亩施尿素 10~15kg，培土后并浇头水，以后根据土壤墒情，在初花期和末花期浇二水和三水。适时收获：当花盘背面变黄，舌状花脱落，茎秆变褐色，叶片黄绿或枯萎下垂，及时进行收获。

五、新葵 19 号

1. 特征特性

新葵 19 号属于中晚熟杂交种，生育期 109d 左右。幼苗长势强，植株生长整齐。高抗向日葵锈病，耐菌核病，抗褐斑病，抗霜霉病，抗倒伏能力强，抗逆性好。株高 180～190cm，叶色深绿，舌状花冠黄色，花粉量大，果盘呈微凸状，瘦果果皮黑色，边缘暗灰色，花盘籽粒辐射状紧密排列，结实率高。千粒重 60g，籽仁率 76%，籽实含油率46.4%。

2. 产量表现

在 2009 年新疆维吾尔自治区春播油葵生产试验中，新葵 19号平均产量为 252.56kg/亩，较对照 KWS303（231.37kg/亩）增产 9.16%，列第一位。在参试的 6 个点中，有 6 个点表现增产，并且均列第一位。

3. 栽培技术

选择土壤肥力中等以上，排灌条件良好，便于管理，且不易遭人、畜为害的地块。一般在 10cm 土层温度连续 5d 达到 8～10℃时即可播种。新葵 19 号适宜播种期为 5 月中旬至 5 月下旬，提倡适时晚播。播种量 300～350g/亩。种植行距可以50～60cm 等行距，也可以大小垄 60cm×45cm 进行播种，播深 4～5cm。播后将种子和土壤压紧，带种肥播种，种肥以磷肥为主，氮、磷、钾肥相结合。注意查苗补种，要早间苗定苗，当幼苗出现 1 对真叶时即应间苗。随之，当 2 对真叶时就应定苗。病虫害严重或易受碱害的地方，定苗可稍晚些，但最晚也不宜在 3 对真叶出现之后。留苗株数 4 000～4 800 株/亩。籽粒充实期是增加千粒重，减少皮壳率，又是油分形成、蛋白质和淀粉积累的关键时期，应根据气候条件和土壤墒情，适时、适量灌溉。后期浇水应注意防风，以免倒伏。一般在终花后 15d 左右灌足最后 1 次水。油葵新葵 19 号花盘背面呈现黄白色茎秆变黄，中、上部叶片褪绿变黄时，即达到生理成熟期。这时花盘和籽粒的含水量均高，此时，收获籽粒易霉变，所以，一般在生理成熟期后 8 ~ 10d，花盘变成黄褐色、褐色时收获最佳。

参考文献

［1］蔡太义，贾志宽，黄耀威，等. 不同秸秆覆盖量对春玉米田蓄水保墒及节水效益的影响［J］. 农业工程学报，2011，27（增刊）：238－243.

［2］柴存才，等. 黄腐酸盐对棉花黄萎病的作用［J］. 腐殖酸，1998（4）：16－17.

［3］陈宝玉，黄选瑞，邢海，等. 3 种剂型保水剂的特性比较［J］. 东北林业大学学报，2004，32（6）：99－100.

［4］陈宝玉，武鹏程，张玉珍. 保水剂的研究开发现状及应用展望［J］. 河北农业大学学报，2003，5：242－245.

［5］陈玉玲. 黄腐酸对冬小麦幼苗一些生理过程的影响及作用机理的探讨［J］. 华北农学报，1999，14（1）：143.

［6］董宝娣，张正斌，刘孟雨，等. 小麦不同品种的水分利用特性及对灌溉制度的响应［J］. 农业工程学报，2007，23（9）：27－33.

［7］董少卿. 腐殖酸对玉米幼根生长及活力的影响［J］. 哈尔滨师范大学自然科学学报.

［8］杜太生，康绍忠，魏华. 保水剂在节水农业中的应用研究现状与展望［J］. 农业现代化研究，2000，21（5）：

317 - 320.

[9] 杜尧东，土丽娟，刘作新. 保水剂及其在节水农业上的应用 [J]. 河南农业大学学报，2000，34 (3)：255 - 259.

[10] 杜贞栋，顾维龙，王华忠，等. 农业非工程节水技术 [M]. 北京：中国水利水电出版社，2004.

[11] 高传昌，王兴，汪顺生，等. 我国农艺节水技术研究进展及发展趋势 [J]. 南水北调与水利科技，2013，11 (1)：146 - 150.

[12] 高琼. 陕西渭北旱塬节水型种植结构优化研究 [D]. 重庆：西南大学，2009.

[13] 高延军，张喜英，陈素英，等. 冬小麦品种间水分利用效率的差异及其影响因子分析 [J]. 灌溉排水学报，2004，23 (5)：45 - 49.

[14] 耿军义，刘素娟，刘素恩，等. 河北省棉花育种的研究进展及发展思路 [J]. 河北农业科学，2003，7 (4)：44 - 49.

[15] 宫飞. 华北地区结构型节水种植业模式及途径研究——以北京市顺义区为例 [D]. 北京：中国农业大学，2003.

[16] 韩宾，李增嘉，王芸，等. 土壤耕作及秸秆还田对冬小麦生长状况及产量的影响 [J]. 农业工程学报，2007，23 (2)：48 - 53.

[17] 河北省水利厅. 河北省水资源评价.

[18] 河北省水利厅规划处. 河北省水利统计年鉴.

[19] 侯亮，刘素英，王淑芬. 河北省平原缺水区农作物

布局调整研究 [J]. 河北农业科学, 2012, 16 (4): 29 - 32.

[20] 侯振军, 夏辉, 杨路华. 河北省平原冬小麦节水灌溉制度试验研究 [J]. 河北水利水电技术, 2004, 2: 5 - 7.

[21] 胡景辉, 孙丽敏. 河北滨海平原区种植业结构调整探析 [J]. 天津农业科学, 2013, 19 (10): 56 - 59.

[22] 胡星. 秸秆全量还田与有机无机肥配施对水稻产量形成的影响 [D]. 扬州: 扬州大学, 2008.

[23] 胡志桥, 田霄鸿, 张久东, 等. 石羊河流域节水高产高效轮作模式研究 [J]. 中国生态农业学报, 2011, 19 (3): 561 - 567.

[24] 黄明, 吴金枝, 李友军, 等. 不同耕作方式对旱作区冬小麦生产和产量的影响 [J]. 农业工程学报, 2009, 25 (1): 50 - 54.

[25] 黄修桥. 灌溉用水需求分析与节水灌溉发展研究 [D]. 陕西杨凌: 西北农林科技大学, 2005.

[26] 黄占斌, 山仑. 水分利用效率及其生理生态机理研究进展 [J]. 生态农业研究, 1998, 6 (4): 19 - 23.

[27] 黄占斌, 辛小桂, 宁荣昌, 等. 保水剂在农业生产中的应用与发展趋势研究 [J]. 干旱地区农业研究, 2003 (3): 11 - 14.

[28] 黄占斌, 张国桢, 李秧秧, 等. 保水剂特性测定及其在农业中的应用 [J]. 农业工程学报, 2002, 18 (1): 22 - 26.

[29] 金建华, 孙书洪, 王仰仁, 等. 棉花水分生产函数及灌溉制度研究 [J]. 节水灌溉, 2011, 2: 46 - 48.

[30] 金剑, 刘晓冰, 李艳华, 等. 水肥耦合对春小麦灌

浆期光合特性及产量的影响 [J]. 麦类作物学报, 2001, 21 (1): 65 - 68.

[31] 康绍忠, 许迪. 我国现代农业节水高新技术发展战略的思考 [J]. 农村水利水电, 2001.

[32] 康跃虎. 微灌与可持续农业发展 [J]. 农业工程学报 (增刊), 1998, 14: 251 - 256.

[33] 科学技术部中国农村技术开发中心组织编写. 节水农业技术 [M]. 北京: 中国农业科学技术出版社, 2007.

[34] 李安国, 建功, 曲强. 渠道防渗工程技术 [M]. 北京: 中国水利水电出版社, 1999.

[35] 李成禄. 发展无公害蔬菜生产的对策和措施 [J]. 天津农业科学, 2008, 14 (5): 31 - 33.

[36] 李建民, 王宏富. 农学概论 [M]. 北京: 中国农业大学出版社, 2010.

[37] 李金玉, 刘西莉, 刘桂英. 种衣剂和包衣种子质量标准研究 [J]. 世界农业, 1997, 12: 17 - 19.

[38] 李景生, 黄韵珠. 土壤保水剂的吸水保水性能研究动态 [J]. 中国沙漠, 1996, 16 (1): 86 - 91.

[39] 李林杰. 河北省农业产业结构调整: 成效误区对策 [J]. 河北农业大学学报, 2001, 26 (4): 49 - 54.

[40] 李龙昌, 李晓. 管道输水灌溉技术 [J]. 中国农村水利水电, 1997 (7).

[41] 李瑞霞, 梁卫理. 农业节水技术研究现状及其对河北平原作物高产节水的借鉴意义 [J]. 中国农学通报, 2010, 26 (15): 383 - 386.

［42］李生秀，等. 中国旱地农业［M］. 北京：中国农业出版社，2004.

［43］李益农. 我国改进地面灌溉技术的发展趋势及展望. 见：高占义，许迪. 农业节水可持续发展与农业高效.

［44］李玉敏，王金霞. 农村水资源短缺现状、趋势及其对作物种植结构的影响——基于全省 10 个省调查数据的实证分析［J］. 自然资源学报，2009，24（2）：200－208.

［45］李志宏. 基于水资源状况的河北低平原种植结构调整［J］. 河北农业科学，2003，7（增刊）：120－123.

［46］梁薇. 冬小麦经济节水灌溉制度的研究［D］. 石家庄：河北工程大学，2007.

［47］刘恩洪. 腐殖酸肥的特点及应用［J］. 河北农业科技，2008，17：44.

［48］刘佳嘉，冯浩. 缓解河北农业用水紧缺的技术与对策［J］. 节水灌溉，2010，5：64－67，70.

［49］刘克礼，等. 旱作大豆综合农艺栽培措施与产量关系模型及产量构成分［J］. 大豆科学，2004，23（1）：50－54.

［50］刘坤，郑旭荣，任政，等. 作物水分生产函数与灌溉制度的优化［J］. 石河子大学学报，2004，22（5）：383－385.

［51］刘梦雨，王新元. 黑龙港地区的地下水资源采补平衡与作物种植制度［J］. 干旱地区农业研究，1994，12（3）：79－74.

［52］刘幼成，王玉敬，武兰春. 水稻旱育稀植条件下的

节水灌溉制度的研究 [J]. 河北水利科技, 1998, 19 (2): 20 - 21.

[53] 刘正学, 等. 小麦优化节水灌溉模式的研究 [J]. 作物杂志, 2005, 2: 18 - 21.

[54] 刘作新, 尹光华, 孙中和, 等. 低山丘陵半干旱区春小麦田水肥耦合作用的初步研究 [J]. 干旱地区农业研究, 2000, 18 (3): 20 - 25.

[55] 卢林纲. 黄腐酸及其在农业上的应用 [J]. 现代化农业, 2001, 5: 9 - 10.

[56] 鲁雪林, 王秀萍, 张国新, 等. 地膜覆盖对棉花产量的影响 [J]. 河北北方学院学报, 2009, 25 (5): 34 - 39.

[57] 路文涛, 贾志宽, 高飞, 等. 秸秆还田对宁南旱作农田土壤水分及作物生产力的影响 [J]. 农业环境科学学报, 2011, 30 (1): 93 - 99.

[58] 吕长安. 河北省水资源现状分析及解决措施 [J]. 中国水利, 2003, 3: 76 - 78.

[59] 吕美蓉, 李增嘉, 张涛, 等. 少免耕与秸秆还田对极端土壤水分及冬小麦产量的影响 [J]. 农业工程学报, 2010, 26 (1): 41 - 46.

[60] 罗庚彤, 等. 北疆春大豆亩产 300kg 高产栽培技术研究 [J]. 大豆科学, 1994, 8 (2): 127 - 132.

[61] 马丙尧, 邢尚军, 马海林, 等. 腐殖酸类肥料的特性及其应用展望 [J]. 山东林业科技, 2008, 1: 82 - 84.

[62] 马香玲, 高计生. 坝上干旱地区春小麦节水灌溉制度 [J]. 河北水利水电技术, 1998, 2: 14 - 16.

［63］牟善积，等. 免耕、覆盖、深松配套技术及耕作模式的研究（之五）［J］. 天津农学院学报，1999，6（2）：28 - 32.

［64］牛彦辉. 河北平原区节水灌溉工程节水效果研究［D］. 石家庄：河北农业大学，2011.

［65］牛育华，李仲谨，郝明德，等. 腐殖酸的研究进展［J］. 安徽农业科学，2008，36（11）：4638 - 4639，4651.

［66］庞秀明，康绍忠，王密侠. 作物调亏灌溉理论与技术研究动态及其展望［J］. 西北农林科技大学学报（自然科学版），2005，33（6）：141 - 146.

［67］钱蕴壁，李英能，杨刚，等. 节水农业新技术研究［M］. 郑州：黄河水利出版社，2002.

［68］山仑，徐萌. 节水农业及其生理生态基础［J］. 应用生态学报，1991，2（1）：70 - 76.

［69］山仑，等. 中国节水农业［M］. 北京：中国农业出版社，2004.

［70］沈荣开，王康，张瑜芳，等. 水肥耦合条件下作物产量、水分利用和根系吸氮的试验研究［J］. 农业工程学报，2001，17（5）：35 - 38.

［71］沈荣开，张瑜芳，黄冠华. 作物水分生产函数与农用非充分灌溉研究述评［J］. 水科学进展，1995，6（3）：248 - 254.

［72］沈振荣，苏人琼. 中国农业水危机对策研究［M］. 北京：中国农业科技出版社，1998.

［73］沈振荣，汪林，于福亮，等. 节水新概念——真实

节水的研究与利用［M］. 北京：中国水利水电出版社，2000.

［74］石玉林，卢良恕. 中国农业需水与节水高效农业建设［M］. 北京：中国水利水电出版社，2001.

［75］石振礼，王整风. 关于河北棉花产业化发展的现状与对策［J］. 中国棉麻经济，2004，5：23－25.

［76］石正太，王延国. 黄腐酸旱地龙在农业上的试验研究与推广应用初报［J］. 腐殖酸，1996（4）：31－34.

［77］史兰绪，赵宝民. 河北棉花生产怎样走出困境［J］. 调研世界，1996，6：24－27.

［78］水利部国际合作司等翻译. 美国国家灌溉工程手册［M］. 北京：中国水利水电出版社，1998.

［79］宋冬梅. 冬小麦高产节水机理及灌溉制度优化研究［D］. 沈阳：沈阳农业大学，2000.

［80］隋鹏，张海林，许翠，等. 节水抗旱与喜水肥型小麦品种土壤水分消耗特性的比较研究［J］. 干旱地区农业研究，2005，23（4）：26－31，57.

［81］孙景生，康绍忠. 我国水资源利用现状与节水灌溉发展对策［J］. 农业工程学报，2000，16（2）：1－5.

［82］田笑明，等. 宽膜植棉早熟高产理论与实践［M］. 北京：中国农业出版社，2000.

［83］佟屏亚，等. 当代玉米科技进步［M］. 北京：中国农业科技出版社，1993.

［84］王超，等. 节水抗旱技术集成对大豆产量及干物质积累影响研究［J］. 农业系统科学与综合研究，2005，21（3）：204－206.

［85］王海艺，韩烈保，黄明勇. 干旱条件下水肥耦合作用机理和效应［J］. 中国农学通报，2006，22（6）：124 - 128.

［86］王红霞. 河北省节水规划及灌溉制度优化研究［D］. 长春：吉林大学，2007.

［87］王婧. 中国北方地区节水农作制度研究［D］. 沈阳：沈阳农业大学，2009.

［88］王龙昌，王立祥，谢小玉. 论黄土高原种植制度优化与农业可持续发展［J］. 农业系统科学与综合研究，1998，14（2）：81 - 85.

［89］王拴庄. 河北省半干旱地区不同类型区冬小麦的节水灌溉制度［J］. 干旱地区农业研究，1991，2：85 - 93.

［90］王天立，王栓柱，王书奇，等. 关于黄腐酸在农业上的四大作用及相关问题的研讨［J］. 腐殖酸，1997（4）：1 - 8.

［91］王天立. 黄腐酸（FA）在我国农业上的应用价值［J］. 腐殖酸，1989，（2）：1 - 6.

［92］王天立，等. 黄腐酸对防治蔬菜病害的增效作用［J］. 河南化工，1995（4）：31 - 33.

［93］王维敏，等. 中国北方旱地农业技术［M］. 北京：中国农业出版社，1994.

［94］王文颇. 喷施黄腐酸对花生生长发育的影响［J］. 花生科技，2000（1）：25 - 27.

［95］王秀梅，等. 黑土区大豆超高产栽培技术试验研究［J］. 大豆通报，2000（1）：7，9.

［96］王艳平，殷登科，单桂萍. 增施生物有机肥对旱地

小麦品质与产量的影响 [J]. 山东农业科学, 2014, 46 (6): 95 – 97.

[97] 王永红. 大同市春小麦耗水规律及其节水灌溉制度研究 [J]. 科技情报开发与经济, 2003, 13 (12): 137 – 138.

[98] 王玉宝. 节水型农业种植结构优化研究——以黑河流域为例 [D]. 陕西杨凌: 西北农林科技大学, 2010.

[99] 王玉坤, 赵勇. 袁庄麦田秸秆覆盖保墒措施的研究 [J]. 灌溉排水, 1991, 10 (1): 7 – 13.

[100] 文宏达, 刘玉柱, 李晓丽, 等. 水肥耦合与旱地农业持续发展 [J]. 土壤与环境, 2002, 11 (3): 315 – 318.

[101] 吴德瑜. 保水剂与农业 [M]. 北京: 中国农业出版社, 1991.

[102] 吴德瑜. 保水剂在全国农林园艺上的应用进展 [J]. 作物学报, 1999, 2: 33 – 37.

[103] 吴乃元, 等. 小麦增产节水技术的集成应用研究 [J]. 气象科技, 2001, 3: 51 – 53.

[104] 武雪萍. 洛阳市节水型种植制度研究与综合评价 [D]. 北京: 中国农业科学院, 2006.

[105] 谢静. 保定地区冬小麦水分生产函数及节水灌溉制度研究 [D]. 石家庄: 河北农业大学, 2011.

[106] 信乃诠, 等. 中国北方旱区农业研究 [M]. 北京: 中国农业出版社, 2002.

[107] 徐福利, 等. 不同保墒耕作方法在旱地上的保墒效果及增产效应 [J]. 西北农业学报, 2001, 10 (4): 80 – 84.

[108] 徐国伟, 王贺正, 陈明灿, 等. 水肥耦合对小麦产

量及根际土壤环境的影响 [J]. 作物杂志, 2012, 1: 35 – 38.

[109] 徐淑琴, 等. 大豆需水规律及喷灌模式探讨 [J]. 节水灌溉, 2003 (3): 23 – 25.

[110] 徐优, 王学华. 水肥耦合及其对水稻生长与 N 素利用效率的影响研究进展 [J]. 中国农学通报, 2014, 30 (24): 17 – 22.

[111] 许迪, 李益农, 等. 田间节水灌溉新技术研究与应用 [M]. 北京: 中国农业出版社, 2002.

[112] 许旭旦. 黄腐酸 (FA) 研究的意义与成就 [J]. 腐殖酸, 1996, 1: 32 – 34.

[113] 薛文侠. 宝鸡峡灌区高产小麦节水灌溉制度探讨 [J]. 杨凌职业技术学院学报, 2009, 8 (3): 15 – 17.

[114] 杨培岭, 等. 发展我国设施农业节水灌溉技术的对策研究 [J]. 节水灌溉, 2001 (2).

[115] 杨涛, 杨明超, 梁宗锁, 等. 不同玉米品种耗水特性及其水分利用效率的差异研究 [J]. 种子, 2005, 24 (2): 3 – 6.

[116] 杨耀. 生化黄腐酸应用简介 [J]. 腐殖酸, 2000, 1: 64 – 72.

[117] 尹飞虎, 周建伟, 董云社, 等. 兵团滴灌节水技术的研究与应用进展 [J]. 新疆农垦科技, 2010, 1: 3 – 7.

[118] 张保军, 丁瑞霞, 王成社. 保水剂在农业上的应用现状及前景分析 [J]. 水土保持研究, 2002, 6: 51 – 55.

[119] 张标. 黄腐酸复合肥推广应用效果 [J]. 腐殖酸, 2000, 2: 34 – 35.

［120］张富仓，康绍忠. BP 保水剂及其对土壤与作物的效应［J］. 农业工程学报，1999，15（2）：74 -78.

［121］张建新，等. MFB 多功能抗旱剂对小麦产量与品质的影响［J］. 麦类作物学报，2000，20（4）：94 -96.

［122］张秋英，刘晓冰，金剑，等. 水肥耦合对玉米光合特性及产量的影响［J］. 玉米科学，2001，9（2）：64 -67.

［123］张胜爱，等. 不同耕作方式对冬小麦产量及水分利用状况的影响［J］. 中国农学通报，2006，22（1）：110 - 113.

［124］张肖法. FA 旱地龙对辣椒生长及经济效益的影响［J］. 江西农业科技，1999（1）：43.

［125］张艳红. 棉花水分生产函数及节水灌溉制度研究［D］. 武汉：武汉水利电力大学，1997.

［126］张瑜芳，沈荣开，任理. 田间覆盖保墒技术措施的应用与研究［J］. 水科学研究进展，1995，6（4）：341 - 347.

［127］张志宇. 土壤墒情预报与作物灌溉制度多目标优化［D］. 石家庄：河北农业大学，2014.

［128］赵广才，等. 不同墒情下保水剂对小麦玉米出苗及幼苗的影响［J］. 北京农业科学，1994，12（1）：25 -27.

［129］赵竟成，任晓力，等. 喷灌工程技术［M］. 北京：中国水利水电出版社，1999.

［130］赵聚宝，赵琪. 抗旱增产技术［M］. 北京：中国农业出版社，1998.

［131］赵英娜. 邢台市节水灌溉制度分析与评价［J］. 河

北水利，2010，10.

［132］赵增峰，燕泰翔，沈月领. 华北衡水地区农田节水灌溉制度的经济学分析［J］. 生态经济，2012，1：136－140.

［133］郑学强，宋文坚，庄义庆，等. 种衣剂的研究现状及展望［J］. 浙江农业科学，2004，1：47.

［134］郑卓琳，等. 紧凑型夏玉米高产需水规律研究［J］. 玉米科学，1994，2（4）：26－32.

［135］周春林. 非充分灌溉水肥耦合对水稻产量品质调控效应研究［D］. 江苏扬州：扬州大学，2007.

［136］周卫平，宋广程，邵思. 微灌工程技术［M］. 北京：中国水利水电出版社，1999.

［137］周侠，等. 浅析灌水对大豆产量的影响［J］. 大豆通报，2003（6）：11－12.

［138］邹新禧. 超强吸水剂［M］. 北京：化学工业出版社，1991.

［139］Heping Z，Theibo. Water-yield relations and optimal irrigation scheduling of wheat in the Mediterranean region［J］. Agricultural water management，1999，38：195－211.

［140］Zhang Xiying，Chen Suying，Liu Mengyu，et al. Improved water use efficiency associated with cultivars and agronomic management in the North China Plain［J］. Agronomy Journal，2005，97（3）：783－790.